Nils Heidrich, FF VG Herrstein
BD Dr. Ulrich Cimolino, BF Düsseldorf
Dirk Preißl, BF Düsseldorf
Klaus Wendel, Herrstein

Brandmeldeanlagen und andere brandschutztechnische Anlagen

Brandmeldeanlagen und andere brandschutztechnische Anlagen

Reihe: Standard-Einsatz-Regeln
Herausgeber: Dr. Ulrich Cimolino

Heidrich, Cimolino, Preißl, Wendel

Bibliografische Informationen der Deutschen Nationalbibliothek

Die Deutsche Nationalbibliothek verzeichnet diese Publikation in der Deutschen Nationalbibliografie; detaillierte bibliografische Daten sind im Internet über http://www.dnb.de abrufbar.

Bei der Herstellung des Werkes haben wir uns zukunftsbewusst für umweltverträgliche und wiederverwertbare Materialien entschieden.
Der Inhalt ist auf chlorfrei gebleichtes Papier gedruckt.

Nachweis der Titelbilder: Die Titelbilder wurden von Julian Dunkel (Herborn) und Dirk Preißl (Düsseldorf) zur Verfügung gestellt.

ISBN 978-3-609-69806-9

E-Mail: kundenservice@ecomed-storck.de

Telefon: +49 89/2183-7922
Telefax: +49 89/2183-7620

www.ecomed-storck.de

Satz: FotoSatz Pfeifer GmbH, 82152 Krailling
Druck: Kessler Druck + Medien, 86399 Bobingen

Vorwort

Mit der Reihe zu „Standard-Einsatz-Regeln“[1] (SER) haben es sich Herausgeber und Autoren vorgenommen, auch im deutschen Sprachraum zusammen mit der Reihe „Einsatzpraxis“ inhaltlich aufeinander abgestimmte Feuerwehr-Fachbücher inkl. dazu passender Ausbildungs-CD bzw. -DVD zu veröffentlichen.

Aufgrund der unterschiedlichen Struktur und Ausrüstung der verschiedenen Feuerwehren ist es nicht möglich, allgemeingültige und für alle passende Standard-Einsatz-Regeln zu veröffentlichen.

Die Broschüren der Reihe „Standard-Einsatz-Regeln“ sollen daher nach einer relativ kurzen[2] einleitenden Erklärung zu den fachlichen Hintergründen des Themas einen Taktikbereich so allgemein beschreiben, dass er für alle Einheiten mit der dafür notwendigen Ausbildung und Ausrüstung auch anwendbar ist, dabei jedoch so detailliert sein, dass Verwechslungen bzw. Missverständnisse ausgeschlossen werden können.

„Brandmeldeanlagen und andere brandschutztechnische Anlagen“ ist das 14. Buch in dieser Reihe. Es enthält zu Einsätzen in Gebäuden mit Brandmeldeanlagen (BMA) und anderen brandschutztechnischen Anlagen, die oft zusammen mit BMA geschaltet sind, alle nötigen Hinweise, um Einsätze sicher bewältigen und die Anlagen sinnvoll nutzen zu können. Wir beschreiben dazu die besonderen technischen Einrichtungen, deren Hintergründe soweit es für das Verständnis bzw. die Anwendung erforderlich ist, das richtige Vorgehen und die Nutzung als Werkzeuge für den sicheren Einsatz. Auch bei diesem Thema klaffen die Wissensstände und Umsetzungsmöglichkeiten bei den Feuerwehren in Deutschland stark auseinander. Es ist aber ganz klar zu erkennen, dass die Verbreitung der Anlagen in Deutschland stark zunimmt und auch dort Anlagen eingebaut werden, wo es bisher nicht der Fall war.

[1] Aus den amerikanischen Standard-Operations-Procedures (SOP) für die Buchreihe Einsatzpraxis und entsprechende Fachartikel „eingedeutscht“. Vgl. zu den SER: Cimolino, 2003; Graeger, 2003–2009.

[2] Es ist innerhalb der Reihe zu den SER unmöglich, alle Hintergrundinformationen ausführlich zu beschreiben. Hier sei auf die Buchreihe „Einsatzpraxis“ mit ausführlichen Erklärungen und Praxisbeispielen sowie auf die angegebene weiterführende Literatur verwiesen.

Mit diesem Werk stehen Ihnen innerhalb der Reihe „SER“ alle notwendigen Basisinformationen zur Präzisierung bzw. Ausgestaltung örtlicher Standard-Einsatz-Regeln zum Einsatz mit brandschutztechnischen Anlagen zur Verfügung.

Allgemeine Hinweise zur Reihe sowie weitergehende Informationen zu den verschiedenen Heften und Autoren finden Sie auf unserer Homepage: www.standardeinsatzregel.org

Die Inhalte dieser Empfehlung werden in den folgenden Büchern der Reihe Einsatzpraxis, ecomed, weiter vertieft:

- Atemschutz: Cimolino, 1999–2011
- Brandbekämpfung: De Vries, 2000–2008
- Brandbekämpfung im Innenangriff: Ridder, 2013
- Einsatz- und Abschnittsleitung: Graeger, 2003–2009
- Taktische Ventilation: Emrich, 2012

Ergänzende Beispiele und Hinweise finden Sie auch im

- Einsatzleiterhandbuch Feuerwehr, Cimolino, 1997–2016.

Weitere Hinweise zu den taktischen Grundsätzen im Löschangriff finden Sie in der Reihe Standard-Einsatz-Regeln:

- Einsatz von Löschgeräten (Gruppe/Staffel): Cimolino, 2005
- Der Zug im Löscheinsatz: Cimolino, 2005

Die Autoren respektieren die Leistung aller weiblichen Feuerwehrangehörigen. Frauen bereichern die Feuerwehren und ohne sie ist ein flächendeckendes Feuerwehrsystem auf weitgehend ehrenamtlicher Basis nicht zu erhalten. Im Sinne der Lesbarkeit haben wir auf die weibliche Form verzichtet, ohne damit den Eindruck erwecken zu wollen, dass Feuerwehr „Männersache“ sei. Als geschlechtsneutrale Abkürzung wird FA (für Feuerwehr-Angehörige) benutzt.

Wir bedanken uns für die Unterstützung bei den Vorarbeiten und der Erstellung bei

- Freiwillige Feuerwehr Rüdesheim, Rüdesheim/Nahe
- Freiwillige Feuerwehr Bad Kreuznach, Löschbezirk Nord
- Rouven Ginz, stellv. Wehrleiter Verbandsgemeinde Rüdesheim/Nahe
- Julian Dunkel, BM, Freiwillige Feuerwehr Herborn/Rheinland-Pfalz

Herborn, Düsseldorf, Herrstein
im November 2016

Nils Heidrich
Dr. Ulrich Cimolino
Dirk Preißl
Klaus Wendel

Inhalt

1 Fachliche Hintergründe

Für einen effektiven und sicheren Angriff müssen eine Reihe von Rahmenbedingungen erfüllt werden: Es bedarf einer adäquaten Führungsstruktur und Taktik (vgl. GRAEGER, 2003/2009), adäquater Löschmittel und -geräte (vgl. DE VRIES, 2000/2008) sowie einer konsequenten und effektiven Kommunikationsstruktur (vgl. CIMOLINO, 2000/2008) als „Rahmen". Weiterhin müssen die Einsatzkräfte für den Einsatz unter Atemschutz ausreichend vorbereitet und ausgebildet sein (vgl. CIMOLINO, 1999/2011) und sollten Kenntnisse über Taktische Ventilation besitzen (vgl. EMRICH, 2012). Sobald man tiefer in Objekte vordringt (Innenangriff), müssen natürlich auch die entsprechenden Taktiken dafür beherrscht werden (vgl. RIDDER, 2013; SÜDMERSEN, 2014) und auch die Abarbeitung eines Atemschutznotfalles in einem Objekt hinreichend sicher funktionieren.

1.1 Warum eine SER BMA (Inhalt und Zweck)?

Bei vielen Feuerwehren haben in den letzten Jahren die Alarmierungen zu Brandmeldeanlagen stark zugenommen. Während das Vorgehen hier bei hauptamtlichen Kräften bzw. in Berufsfeuerwehren zum Tagesgeschäft gehört, bekommen Freiwillige Feuerwehren häufig erst nach Ansiedlung von entsprechend ausgerüsteten Unternehmen in ihrem Zuständigkeitsbereich Kontakt mit Brandmeldeanlagen. Je nach Größe der Feuerwehr erfordert dies eine Überarbeitung der Alarm- und Ausrückeordnung (AAO)[1], und es ergibt sich für die ortsansässige Wehr ein ganz neues Einsatzspektrum.

Gerade in Zeiten der Personalknappheit sollte es daher von Anfang an das Ziel sein, die Aufgaben zum Abarbeiten eines „Alarm Brandmeldeanlage" zu definieren und möglichst viele Handlungsabläufe zu standardisieren. Der Umgang mit der Anlage und deren Funktionsweise erfordern regelmäßige Aus- und Fortbildung. Vor allem die Führungskräfte müssen entsprechend geschult werden, um im Alarmfall die notwendigen Informationen erlangen zu können und die dadurch gewünschte Unterstützung bei der Erkundung zu erhalten.

Dieses Buch soll dem Leser dabei helfen, das notwendige technische Knowhow zu erlangen, um die brandschutztechnischen Anlagen im eigenen Zu-

[1] Jede AAO ist immer auch eine Art von Standard-Einsatz-Regel!

ständigkeitsbereich auswerten und für die Feuerwehr bedienen zu können. Gleichzeitig werden verschiedene Standards definiert, welche angepasst an die örtlichen Verhältnisse (Mannschaft und Gerät) eine Optimierung der Arbeitsabläufe erlauben.

Im Rahmen der Ausbildung ist ein Aspekt bei der Schulung der Einsatzkräfte unbedingt zu beachten und die Kräfte sind entsprechend zu sensibilisieren: Bei einer Brandmeldeanlage handelt es sich nicht um eine Brand-„fehl"-meldeanlage. Jede Alarmierung gilt als Realeinsatz, bis vor Ort sicher das Gegenteil festgestellt werden kann. Dies bedeutet, dass die Alarm- und Ausrückeordnung nicht wesentlich von der eines sonstigen Brandeinsatzes abweichen sollte. Es ist schwierig, die Akzeptanz für diese Einsätze in der Mannschaft zu erlangen, wenn die entsprechende Priorität und Professionalität[1)] bei den eigenen Feuerwehrführungskräften vernachlässigt wird.

Die Praxis hat gezeigt, dass nach einer gewissen Startphase – und eine ordnungsgemäße Wartung der Anlagen vorausgesetzt – auch bei neuen Anlagen die Fehlalarme gegen „Null" zurückgehen können. In der Regel gibt es einen sachlichen Grund für die Auslösung, welcher die Anlage zur korrekten Alarmierung veranlasst. Es ist dann Aufgabe der Feuerwehr die Ursache zu erkunden, Gegenmaßnahmen einzuleiten und die Anlage wieder in den betriebsbereiten Zustand zu versetzen. Entstehen Fehlalarme dagegen aus technischen Gründen – oder häufen sie sich sogar deswegen – liegt es in der Verantwortung des Betreibers (der Anlage, der Gebäude), hier nachzusteuern. Hier „helfen" erfahrungsgemäß entsprechende Fehlalarmierungsgebühren, die aber in der jeweiligen Gebührensatzung der Feuerwehr (der Gemeinde) festgelegt und sauber abgerechnet werden müssen.

1.2 Geschichtliche Entwicklung

Ein Schadenfeuer stellte schon immer für den Menschen eine Bedrohung dar. In der Frühzeit war die nächtliche Wache am Lagerfeuer der erste Brandmelder. Es folgten mit Einführung der ersten Feuerwehrordnungen die Nachtwächter oder Türmer. Sie warnten mit dem Signalhorn oder durch das Läuten der Kirchenglocken die Menschen im Brandfall. 1851 begann der damalige Branddirektor Scabell in Berlin mit dem Aufbau einer Telegrafen-

1) Professionalität hat nichts mit Haupt- oder Ehrenamt, dafür sehr viel mit möglichst immer guter und gleichbleibender Qualität zu tun!

anlage. Er hatte erkannt, dass die Brände in der Entstehungsphase am leichtesten zu löschen sind. Damit die Feuerwehr schnell am Einsatzort sein konnte, musste sie auch schnell alarmiert werden. 1890 wurde die erste automatische Brandmeldeanlage erfunden. Der Schweizer Physiker Walter Jäger erfand 1930 rein zufällig den ersten Rauchmelder. Bei dem Versuch einen Giftgasmelder zu entwickeln, steckte er sich aus Frustration über einen misslungenen Versuch eine Zigarette an. Der Zähler des Giftgasmelders reagierte dann auf den Zigarettenrauch. Erst in den 1960er-Jahren gelang es der Industrie, preisgünstige Rauchmelder für den Privathaushalt zu entwickeln.

1.3 Derzeitiger Stand der BMA

Brandmeldeanlagen gehören heute bei richtiger Projektierung und Ausführung zu den zuverlässigsten Sicherheitseinrichtungen in Gebäuden oder technischen Anlagen.

Die Belange der örtlichen Feuerwehr sind bei der Planung unbedingt zu beachten, damit sie den einsatztaktischen Gegebenheiten der Feuerwehr entsprechend ausgeführt werden kann. Die hierzu erforderlichen Planungsgespräche sind elementar für die spätere Abnahme und Funktion der Anlage.

Leider hapert es oft gerade unmittelbar nach der Erstellung an der fehlenden Zeit bis zur vollständigen Inbetriebnahme von Gebäuden, um die „Kinderkrankheiten“ dieser Einrichtungen auszumerzen – sehr zum Leidwesen der durch Falschalarme betroffenen Feuerwehren. Vielfach sind am Anfang Programmierfehler in der Anlage bzw. Einstellungsprobleme im Bereich der Melder vorzufinden, die nicht an das wirkliche Leben im Gebäude angepasst wurden. Auch eine schlechte Standort- oder Melderwahl, z.B. in unmittelbarer Nähe von Konvektomaten (Kombidämpfern) in Küchen, die bei Öffnung schlagartig Wärme und Dampf freisetzen, können Feuerwehrangehörige zur Verzweiflung treiben. Eine genaue Analyse dieser Systemfehler und nachfolgende Mangelabstellung führen jedoch schnell zu einer stabilen Anlage, die täuschungsalarmsicher arbeitet.

Bei heutigen Anlagen verfügt jeder Teil (Melder, Sirenen usw.) über eine eindeutige digitale Adresse, so dass diese auch am Feuerwehr-Anzeige-Tableau (FAT) eindeutig zugeordnet werden kann. Frühere Anlagen fassten Melder einer Gruppe zusammen und es mussten alle Bereiche mit Meldern einer Gruppe begangen werden.

Keinesfalls sollte eine BMA aber als das Allheilmittel für alle Problemlösungen in einem Gebäude angesehen werden. BMA geben Meldungen an andere gebäudetechnische Gewerke, wie Lüftungsanlagen, Entrauchungsanlagen, Aufzüge, Alarmierungsanlagen usw. ab. Die Anlagen selbst sollten aber durch entsprechende eigene Steuerungen betrieben werden. Die Definition der Schnittstellen der verschiedenen Gewerke und die positiv verlaufende wiederkehrende Prüfung im gesamten Zusammenspiel aller Anlagen (Wirkprinzipprüfung) ist ein Garant für ein sicherheitstechnisch funktionierendes Gebäude.

1.4 Ausfall brandschutztechnischer Infrastruktur – Rechtsgrundlagen

Vielfach werden von Betreibern Abschaltungen brandschutztechnisch relevanter Sicherheitseinrichtungen, wie Lösch- und Brandmeldeanlagen, unter dem Motto „Melden macht frei" bei den Feuerwehren angezeigt.

Diese Benachrichtigungen sind umgehend an die zuständige Ordnungsbehörde weiterzuleiten. Bei Einschaltung einer Brandschutzdienststelle ist sinnvoller Weise auch ein Hinweis auf Zustimmung oder Nichtzustimmung zu geben.

Eine Zustimmung ist nur bei entsprechend geplanter Kompensation möglich, z.B.:

- Nichtnutzung
- private, qualifizierte Brandwachen zur Erstbrandbekämpfung und Feuermeldung
- private, qualifizierte Brandwachen zur Feuermeldung
- Löschmittelersatztanks
- vorbereitete Einspeisung vom Hydrantennetz mit Bedienpersonal
- mobile Rauchmelder mit entsprechendem Personal zur Weiterleitung der Feuermeldung
- Schaffung zusätzlicher baulicher Rettungswege bei Einschränkung der Qualität von Rettungswegen
- mobile Alarmierungsposten mit Megaphonen o.Ä.
- mobile Ersatzstromversorgungen

Die erforderliche Qualität der privaten Brandwachen und deren Ausstattung sind je nach Gefährdung und Objekt im Einzelnen festzulegen.

Es sind hierüber entsprechende Nachweise von den Durchführenden beizubringen.

Muster für eine Dienstanweisung zur Behandlung von Ausfallmeldungen

Die Benachrichtigungen an die Feuerwehr/Brandschutzdienststelle über den Ausfall bzw. das Abschalten von brandschutztechnischen Sicherheitseinrichtungen sind umgehend an die zuständige Ordnungsbehörde (Bauaufsichtsamt, Bezirksregierung, Eisenbahnbundesamt usw.) weiterzuleiten.

Des Weiteren ist an den Meldenden ein „Antwortfax (s. Abb. 1.4/1) Ausfall brandschutztechnische Sicherheitseinrichtung" zu senden. Grundsätzlich ist unter Federführung der Ordnungsbehörde ein Abschalten von brandschutztechnischer Infrastruktur nur mit Kompensationsmaßnahme möglich. Die planmäßige Übernahme von Ersatzmaßnahmen durch Einsatzkräfte der Feuerwehr muss aus Haftungsgründen strikt abgelehnt werden.

Bei einsatztaktisch relevanten Abschaltungen können einsatztaktische Maßnahmen durch den entsprechenden Fachbereich, wie Erhöhung der Alarmstufe (Einsatzmittelkette) sinnvoll bzw. notwendig sein. Außerhalb der Dienstzeiten ist der Lagedienst der Leitstelle entsprechend zu informieren (evtl. Erhöhung der Einsatzmittelkette).

Nach Abschluss der Ausfälle ist der zuständige Fachbereich zu informieren, um Maßnahmen im Einsatzleitrechner wieder zurücknehmen zu können. Geplante Abschaltungen sind in der Regel mind. 72 Stunden vorher anzuzeigen, damit den beteiligten Ämtern ein entsprechender Bearbeitungszeitraum zur Verfügung steht.

Löschanlagen

Bei fehlender Löschwirkung ist die Nutzung des Objektes einzustellen (z.B. keine Öffnung von Verkaufsräumen bzw. Versammlungsstätten) bzw. zu reduzieren (z.B. bei Großgaragen Nutzung von max. 40 Stellplätzen, entspricht einer ohne Löschanlage zulässigen Mittelgaragennutzung). Vorhandene, nicht entfernbare Brandlasten sind durch geeignete private, qualifizierte Brandwachen zur Bekämpfung von Entstehungsbränden und zur Feuermeldung ausreichend zu schützen. Auch ein teilweiser Ausfall von Komponenten zur Sicherstellung des Leistungsvermögens von Löschanlagen ist entsprechend zu kompensieren, z.B. ist der Ausfall der Löschwasserbevorratung einer Sprinkleranlage (auch bei noch funktionsfähigem Druckluftwasserkessel) durch Ersatztanks oder trocken vorbereitete Verbindung mit dem Hydrantennetz und entsprechendem Bedienpersonal des Betreibers auszugleichen.

■ **Brandmeldeanlagen**

Der Ausfall der Branddetektion ist durch private, qualifizierte Brandwachen, die eine dem Risiko entsprechende regelmäßige Begehung der zu überwachenden Räumlichkeiten durchführen, zu kompensieren. Alternativ können auch mobile Brandmeldeanlagensysteme zur Anwendung kommen, deren Auslösung entsprechend überwacht und weitergeleitet werden kann. Besonderes Augenmerk ist auch auf die von der BMA planmäßig auszulösenden Brandfallsteuerungen zu legen. Diese Ansteuerungen müssen bei Brandmeldung durch geschultes Personal von Hand entsprechend dem vorgeplanten Szenario eingeschaltet werden können.

■ **Alarmierungseinrichtungen**

Kompensatorisch können hier private Sicherheitskräfte eingesetzt werden, die mit entsprechenden Megaphonen o.Ä. und entsprechender Kommunikationsverbindung zur Aktivierung der Alarmierung ausgestattet sein müssen. Bei Vorhandensein von externen Schallquellen (Musikveranstaltungen) ist dafür Sorge zu tragen, dass diese im Alarmierungsfall abgeschaltet werden.

■ **Überdrucklüftungsanlagen**

Diese Anlagen werden in der Regel zur Sicherstellung der Funktion von Sicherheitstreppenräumen und Feuerwehraufzügen eingesetzt. Eine Kompensation ist insbesondere im Bereich der Sicherheitstreppenräume in der Regel nicht möglich, so dass aufgrund mangelnder Sicherheit des Rettungsweges die Nutzung des Gebäudes in Frage gestellt werden muss. Alternativ könnte die provisorische Schaffung eines 2. baulichen Rettungsweges (Gerüsttreppenturm o.Ä.) in Frage kommen.

■ **Feuerwehraufzüge**

Der Ausfall eines Feuerwehraufzuges führt zu einer erheblichen Mehrbelastung der Einsatzkräfte, so dass hier regelmäßig durch den entsprechenden Fachbereich bzw. den Lagedienst die Einsatzmittelkette erhöht werden muss. Eine wirkliche Kompensation ist dies aber nicht, da hierdurch nicht das gleiche Ergebnis erzielt werden kann. Spätestens ab einer Gebäudehöhe von 60 m ist eine Nutzung ohne Feuerwehraufzug massiv in Frage zu stellen – oder setzt die Vorhaltung von qualifizierter Mannschaft und Gerät (des Betreibers!) oberhalb dieser Etagen voraus. Deshalb gab es auch die Vorgabe in der alten HochhVO, dass ab 60 m ein weiterer FWA gefordert werden konnte. Diese Vorgabe wird insbesondere auch unter dem Aspekt der Betriebserhaltung, trotz entfallener Anforderung in der SBauVO, weiterhin durchgesetzt.

■ Ersatzstromversorgung

Der Ausfall kann hier nur durch Ersatzgeräte, die von entsprechenden Firmen gemietet werden können, kompensiert werden. Eine Sicherstellung durch die Feuerwehr kann nicht übernommen werden. Grundsätzlich ist der Betreiber dazu zu verpflichten, im Bereich des Feuerwehranlaufpunktes eindeutig auf den Ausfall der Sicherheitseinrichtung hinzuweisen, damit diese Information auch den Einsatzkräften zur Verfügung steht, die ohne Alarmschreiben (Alarmierung aus Status 1) eintreffen.

Objekt:

Meldender:

Mitteilung:

Sehr geehrte Damen und Herren,

hiermit bestätigen wir Ihnen Ihre o.g. Mitteilung.

Wir weisen Sie darauf hin, dass hierdurch die Pflichten des Betreibers unberührt bleiben.

Unter Beteiligung eines Brandschutzbeauftragten oder entsprechender Fachkräfte ist ein Konzept zur Kompensation der gemeldeten Einschränkung der Sicherheitseinrichtung aufzustellen und mit der für Ihr Objekt zuständigen Ordnungsbehörde (Bauaufsichtsamt, Bezirksregierung ö.Ä.) abzustimmen.

Nach Beendigung der o.g. Störung ist die Feuerwehr XXX unter der Fax-Nummer XXXX/XXXXXX entsprechend zu informieren.

Abb. 1.4/1: Textvorschlag[1] für Antwortfax an den Meldenden des Ausfalls einer brandschutztechnischen Infrastruktur. (Text: Preißl)

[1] Lokal natürlich um den entsprechenden Absender zu ergänzen (das kann z.B. die zuständige (integrierte) Feuerwehr-Leitstelle sein).

2 Technische Grundlagen BMA

2.1 Feuerwehrschlüsseldepot

Das Feuerwehrschlüsseldepot (FSD), früher Feuerwehrschlüsselkasten (FSK) genannt, dient zur Aufnahme eines oder mehrerer Objektschlüssel. In den meisten Fällen sind hier Generalschlüssel oder entsprechende Transponder etc. hinterlegt, die den Zugang zu allen Gebäudeteilen ermöglichen.

Je nach Schutzbedürfnis für die eingelagerten Schlüssel oder Transponder werden unterschiedliche Ausführungen (FSD 1, FSD 2, FSD 3) installiert.

2.1.1 FSD 1

Das FSD 1 besteht aus einem Behälter für den Einsatz im Außenbereich, der nur ein geringes Schutzniveau gegenüber Vandalismus und Diebstahl aufweist. Es kommt i.d.R. für Torzufahrten, Schranken usw. zum Einsatz. Alternativ hierzu können z.B. auch Doppelzylinderschließungen in den Toren oder Schlüsselschalter an Schranken mit Schließungen, die bei der Feuerwehr vorhanden sind (Unterschließung Feuerwehrbedienfeldschlüssel etc.), zur Anwendung kommen.

2.1.2 FSD 2

Das FSD 2 besteht aus einem stabileren Behälter und ist in oder an einer Gebäudeaußenwand montiert. Es weist ein etwas höheres Sicherheitsniveau auf, z.B. für Parkhäuser und Treppenanlagen.

Die äußere Klappe wird von einer Brandmeldeanlage angesteuert und entriegelt. Eine Überwachung der

Abb. 2.1.3/1: FSD mit vier Schlüsseln (Foto: Preißl)

deponierten Schlüssel oder Transponder durch eine Einbruchmeldeanlage ist nicht vorgesehen.

2.1.3 FSD 3

Beim FSD 3 ist der Behälter rundum von Mauerwerk umschlossen oder rundum bohrgeschützt ausgeführt. Im FSD 3 lassen sich im Gegensatz zum FSD 1 und FSD 2 auch Schlüssel deponieren, die den Zugang zu sicherungsrelevanten Bereichen ermöglichen. Das FSD 3 ist zur Überwachung auf Einbruch bzw. Vandalismus wie auch des Inhaltes vor und nach Beendigung des Einsatzes an eine Brand- sowie an eine Einbruchmeldeanlage angeschlossen.

2.1.4 Feuerwehrschlüsselschrank

Feuerwehrschlüsselschränke kommen zur Anwendung, wenn in einem Objekt mehr Schlüssel für unterschiedliche Nutzungseinheiten oder Betreiber vorgehalten werden müssen als in ein FSD 3 passen und/oder sichergestellt werden soll, dass der Feuerwehr nur die Schlüssel zur Entnahme bereitgestellt werden sollen, die zur ausgelösten Brandmeldeanlagenmeldelinie passen. Die Öffnung der Tür erfolgt mittels der Feuerwehrschließung nach Ansteuerung des elektrischen Türöffners durch die Brandmeldeanlage. Die Steckplatzbeleuchtung zeigt dem Benutzer die ausgelöste Meldelinie an. Der in seiner Position gesperrte und der Meldelinie zugeordnete Schlüssel kann nach Freigabe entnommen werden.

2.1.5 Freischaltelement

Damit im Gefahrenfall auch ohne Auslösen der BMA ein Zugang zum Objekt möglich ist, wird in der Regel ab FSD 3 ein Freischaltelement (FSE) installiert.

Das FSE funktioniert wie ein Handfeuermelder und erlaubt mit einem feuerwehreigenen Schlüssel das Auslösen der BMA und der Entriegelung der Außentür des FSD. Um eine vorsätzliche Verschmutzung (z.B. durch Klebstoff oder Kaugummi) des Schlosses zu verhindern, sind die FSE außerhalb des Handbereiches über dem FSD installiert und nur mit einem (Steck)Leiterteil erreichbar. Ein Missbrauch (z.B. mit einem gestohlenen Feuerwehrschlüssel) wird durch das Auslösen der BMA und Alarmierung der Einsatzkräfte analog zu einem regulären Brandalarm unterbunden.

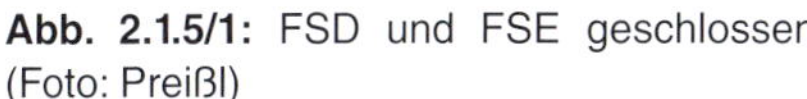
Abb. 2.1.5/1: FSD und FSE geschlossen (Foto: Preißl)

Abb. 2.1.5/2: FSD und gezogenes Freischaltelement (Foto: Preißl)

2.1.6 Feuerwehrschlüssel

Hierunter werden die verschiedenen Arten von Schlüssel für die FSD 1–3 und auch der Schlüssel zur Bedienung des Feuerwehr-Bedienfeldes (FBF-Schlüssel) verstanden. Während der FBF-Schlüssel ein normaler Zylinderschlüssel ist, können die Schließungen der FSD je nach Standort von Zylinder- bis zu Doppelbart-Tresorschlüsseln variieren. In einigen Standorten wird auch keine spezifische einheitliche Feuerwehrschließung vorgehalten, sondern der direkte Zugangsschlüssel zu einem Objekt (Hauptgruppen-Schließung etc.).

2.1.7 Unterbringung der Schlüssel im Feuerwehrfahrzeug (Schlüsseltresor) und Gerätehaus/Feuerwache (Schlüsseltresor)

Im Gegensatz zur üblichen Vorhaltung der Schlüssel für FSD und FBF bei hauptamtlichen Einsatzkräften an der Person mit Übergabe gegen Unterschrift kommt im Bereich der ehrenamtlich tätigen Einsatzkräfte i.d.R. nur eine zentrale Vorhaltung im Gerätehaus bzw. in der Feuerwache oder auf einem Feuerwehrfahrzeug in Frage. Auch hier ist es zur haftungsrechtlichen Absicherung unabdingbar, die Schlüssel sicher (Schlüsseltresor) zu verwahren. Der Schaden bei Verlust eines Feuerwehrschlüssels, mit dem dann zu einer Vielzahl von Objekten ein Zugang möglich wäre, kann aufgrund komplexer Schließsysteme immens sein. Um einen kontrollierten und protokollierten Zugriff auf die vorgehaltenen Feuerwehrschlüssel sicherzustellen, haben sich über die Feuerwehrzentrale ferngesteuerte und/oder überwachte Schlüsseltresore als geeignete und zuverlässige Variante erwiesen.

Abb. 2.1.7/1: Tresor im Feuerwehrfahrzeug (Foto: Wendel)

2.2 Brandmeldezentrale

2.2.1 Allgemein

Der Weg von der Anfahrtsstelle (Straßenraum, Feuerwehrzufahrt o.Ä.) der Feuerwehr bis zur Brandmeldezentrale und ggf. weiter zur Sprinklerzentrale ist fortlaufend mit Schildern nach DIN 4066 mit der Aufschrift „BMZ“ bzw. „SPZ“ im Bedarfsfall mit rechts- oder linksweisendem Richtungspfeil zu kennzeichnen. Das erste straßenseitige BMZ-Schild (Größe 3) ist grundsätzlich mit der Alarmadresse (ent-

Abb. 2.2.1/1: Kennzeichnung außen und Blitzleuchte (Foto: Preißl)

spricht Objektanschrift) zu versehen. Dabei ist die Anfahrt aus verschiedenen Richtungen zu berücksichtigen.

2.2.2 Feuerwehr-Bedienfeld FBF

Das FBF zeigt bestimmte Betriebszustände der Brandmeldeanlage (BMA) in einfacher und einheitlicher Erscheinungsform an und ermöglicht den Einsatzkräften der Feuerwehr, auch ohne Mitwirkung des Betreibers der BMA, eine ergonomische und einheitliche Bedienung der BMA im Alarmfall und bei Funktionsprüfungen. Bei Brandmeldeanlagen mit Alarmweiterschaltung an die Feuerwehr muss ein Feuerwehrbedienfeld vorgesehen werden.

2.2.3 Feuerwehr-Anzeigetableau FAT

Feuerwehren müssen im Einsatzfall in zeitkritischen Situationen schnelle und präzise Entscheidungen treffen. Hierfür ist das FAT die Informationsanzeige, die bestimmte Betriebszustände der Brandmeldeanlage (BMA) in ein-

Abb. 2.2.2/1: Grafik Feuerwehr-Bedienfeld (Grafik: Heidrich)

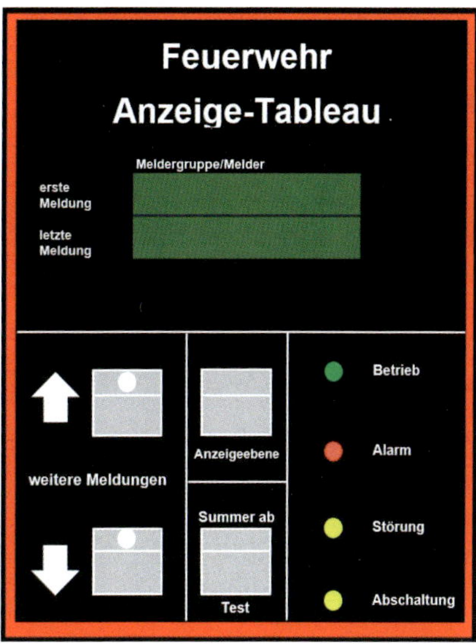

Abb. 2.2.3/1: Grafik Feuerwehr-Anzeigetableau (Grafik: Heidrich)

facher und einheitlicher Erscheinungsform anzeigt. Hierdurch können für die Einsatzkräfte der Feuerwehr auch ohne Mitwirkung des Betreibers der BMA die erforderlichen Informationen dargestellt werden. Es werden grundsätzlich Feuerwehr-Anzeigetableaus mit Ereignisspeicher (Historien-Funktion) empfohlen, damit der Verlauf der Ereignisse der Brandmeldeanlage auch von den Einsatzkräften der Feuerwehr nachvollzogen werden kann.

2.2.4 Melderarten

■ Handfeuermelder

Handfeuermelder (früher Druckknopfmelder) ermöglichen die Alarmierung der Feuerwehr nur, wenn auch Personen anwesend sind und müssen in einer Höhe von 1,40 m (+/– 20 cm) über Fußbodenniveau – auch bei Unterbringung in Wandhydrantenschränken – angebracht werden. Die Meldergehäuse dürfen nur dann rot und zusätzlich mit „Feuerwehr“ beschriftet sein, wenn durch sie die Übertragung zur Feuerwehr auch ausgelöst wird. Jeder Handfeuermelder ist mit der entsprechenden Meldergruppe und Meldernummer innerhalb des Meldergehäuses gut lesbar und dauerhaft zu kennzeichnen. Bei Meldern, die nur einen Hausalarm auslösen, sind die Meldergehäuse blau und mit der Aufschrift „Hausalarm“ auszuführen.

■ Automatische Brandmelder

Automatische Brandmelder können bei Bränden in der Entstehungsphase frühzeitig Personen in Objekten warnen und die Feuerwehr alarmieren. Je nach Anwendungsfall kommen hier die unterschiedlichsten Melderarten zur Anwendung.

Als Rauchmelder kommen optische bzw. photoelektrische Rauchmelder oder Ionisationsrauchmelder, die mit einem radioaktiven Strahler arbeiten, zur Anwendung.

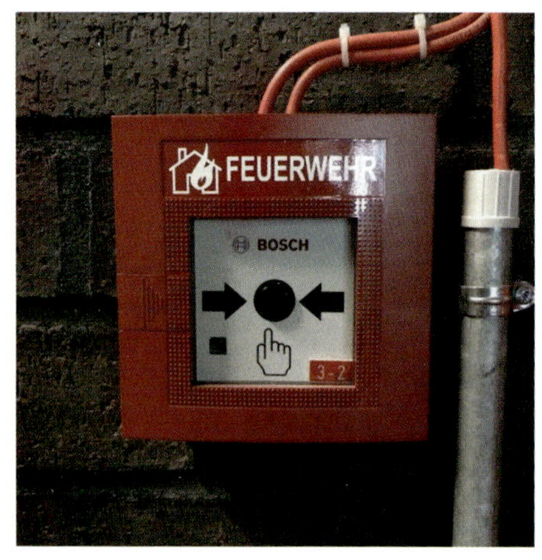

Abb. 2.2.4/1: Handfeuermelder (Foto: Preißl)

Flammenmelder reagieren auf die Flammenstrahlung (IR, UV) und auf die typischen „Flackerfrequenzen“ von Flammen. Anwendung finden sie in Bereichen in denen mit einer schnellen Entwicklung von offenen Flammen zu rechnen ist und wo betriebsbedingt Rauch entsteht, da Rauch durch diese Melder nicht erkannt wird.

Auch Wärmemelder werden in Bereichen eingesetzt, in denen betriebsbedingter Rauchanfall durch Rauchmelder Fehlalarme auslösen würde. Diese Melder lösen entweder bei einer vorgegebenen max. Temperatur (Thermomaximalmelder) und/oder wenn innerhalb einer bestimmten Zeit die Umgebungstemperatur überdurchschnittlich schnell ansteigt (Thermodifferentialmelder).

Brandgas- oder Rauchgasmelder detektieren Konzentrationsgrenzen von Kohlenstoffmonoxid, Kohlenstoffdioxid oder anderen Gasen. Sie sind auch in warmen, staubigen oder rauchigen Räumen einsetzbar, in denen Wärmemelder und Rauchmelder versagen.

■ Mehrfachsensormelder

Bei Mehrfachsensormeldern kommen zur Vermeidung von Falschalarmen und zur Reduzierung von Meldern verschiedene Auswertesensoren mittels elektronischer Auswerteeinheiten zur Anwendung. Durch die Kombination von Sensoren sind diese Melder weniger empfindlich gegenüber Falsch- und Täuschungsalarmen, so dass vielfach von der Vorgabe der Ausstattung jedes Raumes mit zwei Meldern zur Minimierung von Falschalarmen (2-Melderabhängigkeit) Abstand genommen wird.

Bei Sondermeldern handelt es sich zumeist um Melder, die durch eine Auswerteeinheit einen großen Bereich abdecken oder wo Einzelmelder keine wirksame Detektion sicherstellen können. Hierzu gehören lineare Rauchmelder (Überwachung von Atrien, Einsatz in denkmalgeschützten Gebäuden) mit Sende- und Empfangseinheit für infrarotes Licht. Ähnlich einer Lichtschranke wird die Abschwächung des Lichtstrahls durch Rauchpartikel ausgewertet. Bei linearen Wärmemeldern (Tiefgaragen, Tunnel) erfolgt die Auswertung von Temperaturänderungen durch sich verändernde Widerstände in Kabeln mit Glasfaserkabeln oder dünnen mit Flüssigkeit oder Gas gefüllten Fühlerrohren, in denen ein Druckanstieg gemessen wird.

Eine flächige Rauchdetektion kann mit Rauchansaugsystemen realisiert werden. Diese bestehen aus einem einfachen Rohrsystem mit definierten Ansaugöffnungen und einer Auswerteeinheit, in der ein Lüfter ständig Luft aus dem Rohrsystem ansaugt. Wird in dem Luftstrom Rauch festgestellt, wird der BMA dies als Voralarm bzw. Alarm gemeldet. Aufgrund der hohen Empfindlichkeit können hier mehrere Voralarmstufen definiert werden.

Jeder Melder ist mit der entsprechenden Meldergruppe und Meldernummer dauerhaft und gut lesbar zu kennzeichnen.

Abb. 2.2.4/2: Rauchmelder mit Kennzeichnung (Foto: Preißl)

■ Zugänglichkeit zu verdeckt installierten Meldern

Revisionsöffnungen in Zwischendecken bzw. Revisionsöffnungen in Doppelböden zu verdeckt angeordneten Brandmeldern müssen mindestens 0,50 m × 0,50 m betragen und ohne zusätzliches Werkzeug zu öffnen sein. Erforderliche Bodenplattenheber bzw. Bodenplattenkrallen sind am Anlaufpunkt der Feuerwehr, ggf. auch in mehrfacher Ausführung, dauerhaft zu hinterlegen.

Zur Überprüfung von Zwischendeckenbereichen ist eine Bockleiter in Abstimmung mit der Brandschutzdienststelle vorzuhalten. Diese Leiter ist gegen unbefugtes Entnehmen zu sichern und als „Leiter für die Feuerwehr" zu kennzeichnen.

Platten von Doppelböden oder von abgehängten Unterdecken, hinter denen automatische Brandmelder montiert sind, müssen mit einem Melderkennzeichnungsschild dauerhaft mit Angabe der Meldergruppen- und Meldernummer, Mindestgröße 50 mm Durchmesser, gekennzeichnet werden. Diese Platten müssen mit Einrichtungen versehen sein, die ein Vertauschen der Revisionsöffnung unmöglich machen.

Abb. 2.2.4/3: Rauchmelder im Flur und Revisionsklappe für abgehängte Decke mit Kennzeichnung Meldernummer Zwischendeckenbereich (Foto: Preißl)

Abb. 2.2.4/4: Leiter zum Erreichen von Zwischendeckenmeldern (Foto: Preißl)

Abb. 2.2.4/5: Schrank für Bodenheber (Foto: Preißl)

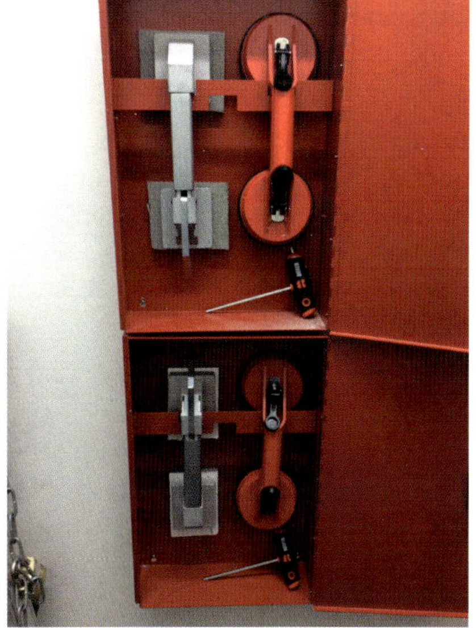

Abb. 2.2.4/6: Doppelbodenheberschrank, geöffnet (Foto: Preißl)

3 Technische Grundlagen anderer brandschutztechnischer Anlagen

3.1 Löschanlagen

Hier stehen diverse Anlagenarten den Betreibern je nach Anwendungsfall zur Auswahl, die automatisch, d.h. ohne Einsatzkräfte, ein Feuer löschen oder zumindest auf den Entstehungsbereich begrenzen können. Löschanlagen detektieren ein Brandereignis selbst (z.B. normale Sprinkleranlagen) oder können über eine BMA und/oder Handauslösestellen aktiviert werden.

Bei Wasserlöschanlagen, auch mit Netzmittelzusatz, wird unterschieden in

- Sprinkler-Nassanlagen (Rohrsystem steht ständig mit Löschwasser unter Druck),
- Sprinkler-Trockenanlagen (Rohrnetz ist mit Druckluft gefüllt, bei Druckverlust wird das Rohrnetz mit Wasser geflutet, Einsatz in frostgefährdeten Bereichen wie Laderampen, Garagen usw.),
- vorgesteuerte Sprinkleranlagen (Rohrnetz wird zur Vermeidung von Fehlauslösungen – Abfahren von Sprinklerdüsen oder dergleichen – erst geflutet, wenn eine BMA auch ein Brandereignis detektiert hat).

Sprühwasserlöschanlagen verfügen über ein Rohrnetz mit offenen Düsen, das nach Detektion durch eine BMA oder per Hand geflutet wird und somit einen vorher bestimmten Flächenbereich gleichmäßig mit Löschwasser beaufschlagt, z.B. bei Bühnen in Theatern.

Bei Wassernebellöschanlagen wird zwischen Hoch[1]- (oder Höchst[2]-) druck- und Nieder- (bzw. Normal[3]-) drucktechnik unterschieden. Bei beiden Verfahren kommt es durch den Einsatz von fein versprühtem Wasser

Abb. 3.1/1: Sprinklerpumpen, redundante Ausführung, Hochhaus (Foto: Preißl)

[1] Ca. 40 bar.
[2] Über 100 bar.
[3] Ca. 5 – 15 bar.

zu einem schnelleren Energieentzug des Feuers. Vorteile sind auch weniger Löschwasserdurchsatz und -bevorratung, weniger Wasserschaden und geringere Rohrdurchmesser des Systems.

Bei Schaumlöschanlagen werden stationäre Schaumrohre oder -aggregate verbaut, die mit Schaummittelwassergemischen und rauchfreier, von außen zugeführter Luft betrieben werden, z.B. bei Flugzeughangars (Druckluftschaumanlagen zählen mit hierzu).

Alternativ zu Wassernebellöschanlagen kommen in wassersensiblen Bereichen (elektrische Anlagen, Serverräume usw.) Gaslöschanlagen zur Anwen-

Abb. 3.1/2: Sprinklerverteiler (Foto: Preißl)

dung, wie CO_2-Löschanlagen, Inertgas-Löschanlagen (Argon, Stickstoff, Gasgemische wie Inergen usw.) und chemische Gaslöschanlagen (Halon, FM-200, Novec 1230 usw.).

Außerdem werden vereinzelt auch Pulverlöschanlagen (z.B. Chemikalienläger, wo mit anderen Löschmitteln kein sicherer Löscherfolg gewährleistet werden kann) und Explosionsschutzanlagen (pneumatische Förderung explosionsfähiger Stäube z.B. Möbelindustrie zwischen Fertigung und Spänebunkern) verbaut.

■ Aufschaltung von Löschanlagen auf die BMA

Zur eindeutigen Identifizierung der ausgelösten Bereiche und zur Bedienung sind Vorgaben der Feuerwehren zu beachten. Nachfolgend ist ein Beispiel beschrieben:

Bei Sprinkleranlagen ist je Sprinklergruppe eine Meldergruppe in der Programmierung der BMZ vorzusehen. Erstreckt sich die Sprinklergruppe über mehr als einen Brandabschnitt oder in einem Brandabschnitt über mehrere Geschosse, sind für jeden Brandabschnitt und jedes Geschoss Strömungsmelder einzubauen. Strömungsmelder müssen am Anlaufpunkt der Feuerwehr einzeln identifizierbar sein. Der Weg vom Anlaufpunkt der Feuerwehr zur Sprinklerzentrale ist eindeutig, dauerhaft und fortlaufend mit Schildern nach DIN 4066 auszuführen. Entsprechende Feuerwehrlaufkarten, die nur den Weg zur Sprinklerzentrale zeigen, sind zweifach zu erstellen und als Deckblatt zu jedem Satz der Feuerwehrlaufkarten einzufügen. Wird eine Löschanlage durch eine eigene BMZ angesteuert, muss diese mit einem FBF und FAT ausgestattet werden, sofern eine Bedienung und/oder eine Anzeige über das FBF bzw. FAT am Anlaufpunkt nicht möglich sind. Um die verbale Kommunikation in Einsatzstellen zu ermöglichen, müssen elektrische Hupen/Sirenen einer Löschanlage über das installierte FBF abschaltbar sein. Pneumatische Hupe(n) einer Löschanlage müssen durch die Feuerwehr über einen Kugelhahn abschaltbar sein. Der Kugelhahn muss für die Feuerwehr gut lesbar gekennzeichnet werden und in den jeweiligen Geschoss- und Feuerwehrlaufkarten eingetragen werden. Bei Auslösung von automatischen Löschanlagen, auch Sprinkleranlagen, muss die LED „Löschanlage ausgelöst" im FBF der Löschanlage bzw. BMZ und im übergeordneten Feuerwehrbedienfeld angesteuert werden. Die akustischen Signalgeber bei einem Löschalarm müssen zurückgestellt werden können. Bei Gaslöschanlagen wird zusätzlich zu den vorgeschriebenen akustischen Signalgebern in den Flutungsbereichen und vor den Flutungsbereichen an jeder Zugangstür eine optische Signaleinrichtung mit dem Hinweis „Löschgas geflutet“ für erforderlich gehalten.

3.2 Wandhydranten und Steigleitungen

Wandhydranten (WH) werden in Gebäuden als Selbsthilfeeinrichtung (Typ S, 24 l/min bei 2,2 bar) oder als Selbsthilfeeinrichtung und für den Einsatz der Feuerwehr (Typ F) vorgehalten.

Beim Typ S liegt der Vorteil an der einfachen Einbindung in das Wasserversorgungsnetz im Gebäude, da hier nur Abnahmen von 24 l/min bei 2,2 bar am Schraubventil im Wandhydrantenkasten sicherzustellen sind. Die Bedienung ist mit einem Gartenschlauch mit entsprechend einfacher Düse vergleichbar und somit von Laien problemlos durchführbar. Diese WH werden vorwiegend in Tiefgaragen eingesetzt, wo die ansonsten vorzuhaltenden Feuerlöscher vielfach entwendet oder mit denen Vandalismusschäden verursacht wurden.

Der Typ F soll ein vollwertiges Mittel zur Brandbekämpfung in Gebäuden, von Versammlungsstätten, Verkaufsstätten, Hochhäusern bis zu Industriebauten mit 100 l/min und 3 bar am Absperrorgan, nicht Strahlrohr, darstellen. Auch er besteht im Normalfall aus einen formstabilen Schlauch, kann aber auch mit C-Faltschläuchen (Gesamtlänge 30 m) bestückt sein. Das Absperrorgan verfügt über eine C-Kupplung, so dass der vorhandene Schlauch abgekuppelt und mitgeführtes Schlauchmaterial zum Einsatz gebracht werden kann. Mit Ausnahme im Hochhausbereich (Forderung nach WH in Feuerwehraufzugs- und Treppenraumvorräumen mit 200 l/min und 4,5–8,0 bar) und sollen alle Musterbauvorschriften zukünftig diesen Satz enthalten: „Wandhydranten für die Feuerwehr (Typ F) müssen in ausreichender Zahl

Abb. 3.2/1: Wandhydrant Typ F (Foto: Preißl)

vorhanden sowie gut sichtbar und leicht zugänglich angeordnet sein. Auf Wandhydranten kann mit Zustimmung der Brandschutzdienststelle aus einsatztaktischen Gründen der Feuerwehr verzichtet werden.“ Somit dürfte der WH Typ S aussterben und auch der Typ F seltener zur Verfügung stehen, da die meisten Feuerwehren lieber auf Nummer sicher gehen und mit eigenem Equipment vorgehen wollen.

Trockene Steigleitungen ermöglichen das schnelle Vorgehen bis zum eigentlichen Einsatzgeschehen ohne aufwendige Schlauchleitungsverlegung. Bei einer Feuerwehraufstellfläche im Bereich der Einspeisung der trockenen Steigleitung ist der Maschinist in der Lage, die Verbindung zwischen Fahrzeug und Einspeisung selbst vorzunehmen, was einen deutlichen Zeitgewinn bedeutet. Der vorgehende Trupp kann an der dem Ereignis nächstgelegenen Entnahmestelle seine Angriffsleitung anschließen und somit schneller die Brandbekämpfung starten. Trockene Steigleitungen werden vom Gesetzgeber nur noch als Ersatzmaßnahme bei Entfall der o.g. WH Typ F im Industriebau gesehen. Auch die Vorgabe der Vorhaltung einer trockenen Steiglei-

Abb. 3.2/2: Einspeisung am Gebäude (Foto: Wendel)

Abb. 3.2/3: Wasserentnahme im Treppenraum möglich (Foto: Dunkel, Herborn)

tung in Hochhäusern ist entfallen, so dass hier nur die im Gebäude vorhandenen WH genutzt werden können. Aber auch in Gebäuden unterhalb der Hochhausgrenze können trockene Steigleitungen weiterhin sehr nützliche Hilfsmittel sein, um dem Schutzziel der wirksamen Brandbekämpfungsmaßnahmen gerecht zu werden. Hier sind insbesondere Treppenraumbauformen ohne Treppenauge (durch Wandscheiben getrennte Treppenläufe) oder Aufzugeinbauten mit um den Aufzug herum geführten Treppenläufen einer Bewertung zu unterziehen, ob der von den Trupps mitgeführte Schlauchvorrat nach Verlegung über die Treppenläufe im Brandgeschoss noch ausreicht, um hier schnell und effektiv Hilfe leisten zu können. In der Regel ist das schon ab dem 3. OG nicht mehr der Fall, so dass dann zeitaufwendig Schlauchmaterial zu den angreifenden Trupps nachgeführt werden muss.

3.3 Rauch- und Wärmeabzugsanlagen (RWA); Rauchschutzdruckanlagen (RDA)

RWA-Anlagen können in den unterschiedlichsten Ausführungen realisiert werden. Es werden maschinelle und natürliche Anlagen unterschieden:

- Bei maschinellen Anlagen werden die Verbrennungsprodukte über Ventilatoren abgeführt.
- Bei natürlichen Anlagen werden die Verbrennungsprodukte über Klappen (Dach- oder Wandöffnungen) abgeführt. In der Regel werden natürliche Rauchabzugsanlagen nur über in den Geräten integrierte, auf Temperatur reagierende Auslöseeinheiten und Handauslösungen im Bereich der Zugänge zum zu entrauchenden Bereich geöffnet.

Abb. 3.3/1: Handauslöser einer RWA (Foto: Heidrich)

Zur frühestmöglichen Öffnung und auch schon bei Schwelbränden können auch natürliche RWA über autarke Rauchschalter oder eine BMA angesteuert werden. Maschinelle RWA werden zumeist über autarke Rauchschalter, die BMA automatisch und über Handauslöser manuell angesteuert. Hierbei ist insbesondere auf die automatische bzw. manuelle Sicherstellung der notwendigen Zuluft zum zu entrauchenden Bereich zu achten, da es durch Unterdruckbildung und den hiermit verbundenen erforderlichen Türöffnungskräften ansonsten dazu kommen kann, dass weder flüchtende Personen den Bereich verlassen können noch Einsatzkräfte ohne schweres Gerät in den Bereich eindringen können.

RDA werden bei Sicherheitstreppenräumen und Feuerwehraufzügen zur Verhinderung des Eintritts von Rauch in die Treppenräume bzw. Vorräume eingesetzt. Bei Treppenräumen ohne Fenster können zur Kompensation auch Spülluftanlagen zur Anwendung kommen, die eingedrungenen Rauch möglichst schnell wieder ausspülen sollen. Die Aktivierung der Anlagen erfolgt über autarke Rauchschalter oder über die BMA automatisch.

Beide Anlagen verursachen je nach Standort der Ventilatoren und der Ausblasöffnungen in die zu schützenden Bereiche erheblichen Lärm. Eine Geräuschgrenze wie beim Feuerwehraufzug (80 dB(A)) ist mindestens anzustreben.

Bei der Standortwahl der BMZ bzw. FBF, FAT usw. sollte die Geräuschkulisse einer RDA bzw. Spülluftanlage berücksichtigt werden.

Bei der Dimensionierung von RDA, bei der eine festgelegte Geschwindigkeit (vom Treppenraum durch die geöffneten Türen im Brandgeschoss in der Regel mind. 2 m/s) einzuhalten ist, wird häufig versucht, die Gebäudezugangstür zum Treppenraum als geschlossen zu betrachten, damit entsprechende Volumenströme durch diese Tür nicht zu berücksichtigen sind und somit die Anlagen deutlich einfacher und günstiger werden. Hierdurch wird jedoch dem Einsatzleiter die volle Verantwortung für den ordnungsgemäßen Betrieb der RDA zugesprochen, da nur wenn er dafür sorgen kann, dass die Gebäudezugangstür ständig geschlossen bleibt, damit auch im Brandgeschoss die zur Rauchfreihaltung des Treppenraumes erforderlichen 2 m/s sichergestellt werden können. Ein einfaches Schild nach DIN 4066 (schwarze Schrift auf weißen Grund mir rotem Rahmen) „Hinweis für die Feuerwehr – Tür im Brandfall geschlossen halten – Druckbelüftung“ ist hier keine Lösung, sondern die Übertragung der Verantwortung!

Abb. 3.3/2: RDA redundante Ausführung, Parallelanordnung (Foto: Preißl)

3.4 Feuerwehraufzüge

3.4.1 Allgemein

Feuerwehraufzüge sind in Hochhäusern ein elementarer Bestandteil des Sicherheitskonzeptes. Feuerwehraufzüge dienen den vorgehenden Einsatzkräften zum schnellen Erreichen des Schadenortes. Im Brandfall müssen sich die Einsatzkräfte darauf verlassen können, dass die Ausführung der Feuerwehraufzüge keine sicherheitsrelevanten „Fallstricke“ aufweist und deren Funktionstüchtigkeit voll gegeben ist.

Abb. 3.4.1/1: Tür eines Feuerwehraufzuges mit Sichtfenster (Foto: Preißl)

3.4.2 Erfordernis

Feuerwehraufzüge sind gemäß den Sonderbauverordnungen der Länder ab Hochhausgrenze bzw. bei einigen Ländern in gesprinklerten Hochhäusern ab Geschossen mit mehr als 30 m Höhe über Gelände aufgrund der sinkenden Leistungsfähigkeit der Einsatzkräfte nach dem Treppenaufstieg erforderlich.

3.4.3 Ausführungsarten

Je nach Baujahr sind unterschiedliche Ausführungen der Aufzugsanlagen selbst, wie auch des sicherheitstechnischen Umfeldes vorhanden. Hier gilt es die Einsatztaktik den örtlichen Gegebenheiten anzupassen. Dies trifft insbesondere auf die Entscheidung zu, welches Geschoss angefahren werden soll (Brandgeschoss, eine oder zwei Etagen unterhalb).

3.4.3.1 Technische Regeln Aufzüge 200 (TRA 200)

Anlagen aus dem Geltungszeitraum der TRA 200 (also vor Gültigwerden der EN 81-72:2003 ab 11/2003) weisen u.a. noch keinen Schutz gegen Wasser aus, so dass diese bei feuchten Bedingungen im Schacht (Löschwassereintritt) versagen dürfen. Des Weiteren fehlt hier auch die Möglichkeit der Selbstrettung. Weitere Abstriche zum heutigen Sicherheitsniveau sind aufgrund mangelnder Anforderungen des damaligen Baurechts im Bereich der Vorräume zu machen. So können hier nur manuell zu öffnende Fenster oder Spüllüftungsanlagen (30-facher Luftwechsel) vorhanden sein und Überdrucklüftungsanlagen fehlen.

3.4.3.2 DIN EN 81-72:2003 – Feuerwehraufzüge

Diese Norm brachte schon erhebliche Verbesserung im Sicherheitsniveau der Anlagen. Der Wasserschutz wurde in Teilen eingeführt, die Selbst- und Fremdrettung berücksichtigt und auch eine Überdrucklüftungsanlage für Schacht und Vorräume in Verbindung mit den Sonderbauvorschriften gefordert.

3.4.3.3 DIN EN 81-72:2015 – Feuerwehraufzüge

Negative Erfahrungen bei der Umsetzung der Norm aus 2003, insbesondere im Bereich der Steuerungen, wurden zum Teil berücksichtigt (*vgl. Kap. 3.4.4*). Der Wasserschutz wurde nochmals erheblich verschärft, da Löschwasser das Sicherheitssystem Feuerwehraufzug ansonsten sehr schnell gefährden kann.

3.4.3.4 Ausführungskriterien der Kommunen

Um einheitliche Bedienungen und damit Ausbildungsinhalte der Einsatzkräfte für die Feuerwehraufzüge innerhalb einer Kommune sicherstellen zu können, haben einige Städte eigene Ausführungskriterien erstellt, die über die Baugenehmigungen verbindlich umzusetzen sind.

3.4.4 Probleme und Gefahren in der Praxis

Die alten Vorschriften wie auch die aktuellste Version der DIN EN 81-72 enthalten Vorgaben oder haben Punkte noch nicht berücksichtigt, die im Einsatz gefährlich werden können. Unter anderem stellt sich hier auch die Frage nach dem Bedienschlüssel für den Feuerwehraufzugbetrieb. Nach TRA 200 war noch ein normaler Schlüssel möglich, nach DIN EN 81-72:2003 nur noch ein Aufzugdreikantschlüssel und ab 2015 auch wieder normale Schließungen. In der Praxis hat sich gezeigt, dass ein eindeutiger Betrieb in der Regel nur mit einer eigenen, für jeden FWA einzelnen Schließung mit nur einem vor Ort verfügbaren Schlüssel, möglich ist. Ansonsten kann z.B. während des Betriebes (Einsatzkräfte im Brandgeschoss) durch Fehlbedienung des Schlüsselschalters an der Hauptzugangsstelle das komplette sicherheitstechnische Umfeld (Überdruck, Notstrom) für den FWA deaktiviert werden. Es ermöglicht außerdem einem Instandhaltungsunternehmen bei der Wartung die Schlüsselschalter ebenfalls zu betätigen, was z.B. bei Ausstattung mit FBF-Schlüsseln aufgrund des Aufwandes, den Schlüssel bei der Feuerwehr zu besorgen, in der Regel nicht geschieht.

Seit 2015 wurde die max. Lautstärke der Rauchschutzdruckanlage für den FWA auf 80 dB(A) festgelegt um eine Verständigung der Einsatzkräfte noch zu ermöglichen. Ältere Anlagen können eine Verständigung gefährden.

3.4.4.1 Fremd- und Selbstrettung

In den alten Vorschriften waren die Vorgaben zur Selbstrettung noch nicht schlüssig, da der Weg vom Fahrkorbdach zur nächsten Fahrschachttür unberücksichtigt blieb, da eine am Fahrkorb mitgeführte Leiter noch nicht gefordert war. Dies gilt es über eine entsprechende Gefährdungsbeurteilung und -analyse nachzufordern, um den Einsatzkräften zumindest die Selbstrettung auch hier sicherstellen zu können. Das Gleiche gilt auch für die Konstruktion abgehängter Decken im Fahrkorb, die Realisierung des Aus- bzw. Einstieges aus bzw. in den Fahrkorb durch die Dachluke. Das frühere Lukenmaß be-

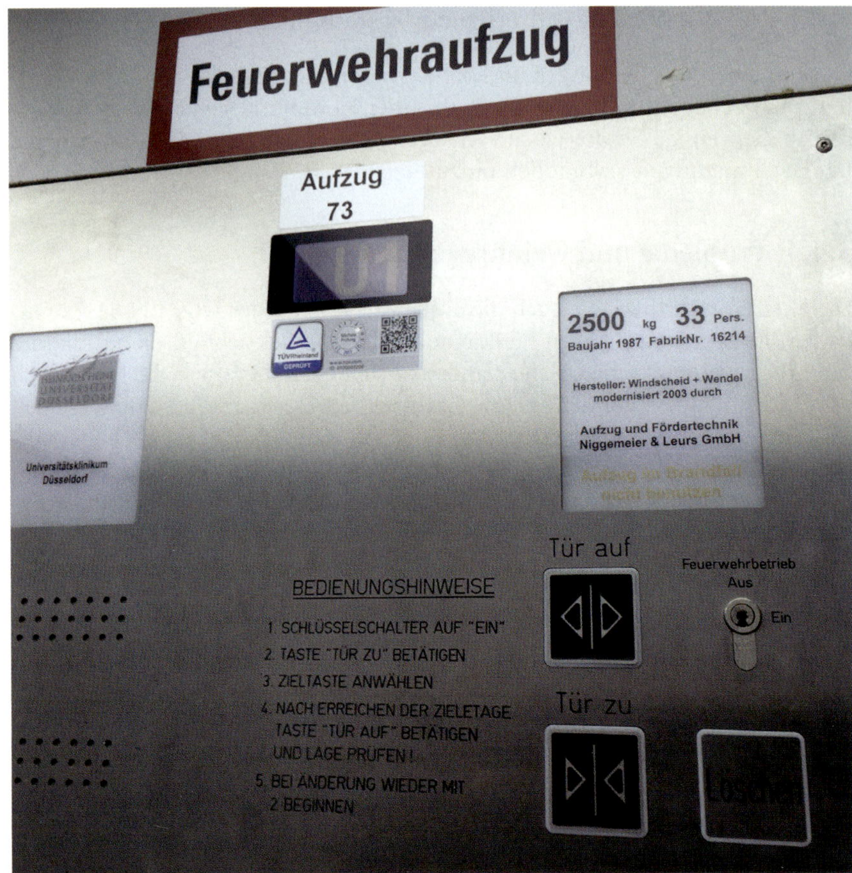

Abb. 3.4.4/1: FWA Innentableau mit Bedienungshinweisen (Foto: Preißl)

trug 400 mm × 600 mm, heute wird 500 mm × 700 mm im Lichten gefordert, d.h. in Abhängigkeit, ob eine Leiter durch die Luke eingestellt werden muss oder nicht und mit Anordnung einer festen Leiter im Fahrkorb an der Schmalseite der Luke.

3.4.4.2 Türsteuerung

Die bis 2015 realisierten Türsteuerungen können zum Verlust des FWA führen, da die Fahrschacht- und Fahrkorbtüren eine automatische Rücklaufwir-

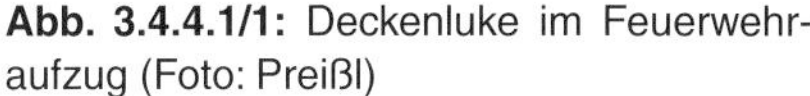

Abb. 3.4.4.1/1: Deckenluke im Feuerwehraufzug (Foto: Preißl)

Abb. 3.4.4.1/2: FWA Ausstiegsleiter (Foto: Preißl)

kung (Umsteuerung) haben dürfen, solange sie nicht gänzlich (aktivierter Endschalter AUF!) geöffnet sind. Dies führte schon häufiger dazu, dass eine Einsatzkraft die TÜR-AUF-Taste losgelassen und den Fahrkorb zur Unterstützung im Vorraum verlassen hat. Die Tür war zwar optisch geöffnet, aber eben technisch nicht, so dass sich die Türen automatisch schlossen und somit die Einsatzkräfte ausgeschlossen waren (Ruftasten im Vorraum sind im FWA-Betrieb deaktiviert) und der FWA in seiner Funktion nicht mehr zur Verfügung stand. Ab 2015 ist die o.g. Selbstschließfunktion eingeschränkt worden, so dass die Türen schon offen stehen bleiben müssen, wenn sie sich <50 mm vor der ganz geöffneten Stellung befinden. Da es auch bei dieser Art der Türsteuerung zu Fehlbedienungen (TÜR-AUF-Taste vor TÜR AUF loslassen und Fahrkorb z.B. aufgrund hilferufender Kameraden verlassen) kommen kann, wird hier dringend eine Änderung des 50-mm-Wertes (Selbstschließung der Tür nur im Öffnungsbereich bis zu 200–300 mm, dadurch wird ein Verlassen des Fahrkorbes verhindert) oder eine komplette Totmannsteuerung der Türfunktionen für erforderlich gehalten.

3.4.4.3 Zielwahl

Bis 2015 war es zulässig, dass der Fahrkorb nach Bestätigung einer Zielwahl- oder TÜR-ZU-Taste eines Geschosses selbstständig die Türen schloss und das gewählte Geschoss anfuhr. Das Problem liegt auch hier in der versehentlichen

Betätigung einer Zielwahltaste durch Ausrüstungsgegenstände usw. beim Verlassen des Fahrkorbes und der nachfolgenden eigenständigen Funktion des Aufzugs mit der Folge des Verlustes der Kontrolle über den FWA. Auch dieses Problem kann, wie in der jetzigen Normversion gefordert, gelöst werden, indem ein evtl. vorhandener TÜR-ZU-Taster und/oder die Zielwahltasten so lange gedrückt werden müssen, bis die Türen geschlossen sind.

Abb. 3.4.4.4/1: Wandhydrant im FWA-Vorraum mit Geschosskennzeichnung (Foto: Preißl)

3.4.4.4 Wassermanagement

Wie schon ausgeführt, vertragen sich Löschwasser und elektronische Bauteile von Aufzügen in der Regel nicht, so dass hier in erster Priorität verhindert werden soll, dass Wasser in den Fahrschacht eindringen kann (Drainagen vor den Aufzugportalen oder Anrampungen). Hierbei sind Leckagen von Wandhydranten im FWA-Vorraum (200 l/min) bzw. Wasser aus Sprinkleranlagen zu berücksichtigen. Zusätzlich sind alle Einrichtungen im Schacht in der Entfernung von 1 m von der Schachttür sowie alle Bauteile auf dem Fahrkorb in IPX-3 Ausführung (vor schräg (60°) fallendem Tropfwasser geschützt) zu schützen. Der Fahrkorb selbst ist ab 2015 so auszuführen, dass Löschwasser vom Dach gezielt abgeführt wird und alle elektronischen Bauteile durch die Fahrkorbhülle (Dach und Außenwände) geschützt werden. Bauteile in der Schachtgrube sind in IP 67 (Schutz gegen zeitweiliges Untertauchen) zu schützen. Der Wasserstand in der Grube ist durch Abläufe bzw. Abpumpen so zu halten, dass der Wasserspiegel immer unterhalb des zusammengedrückten Aufzugpuffers bleibt (Verhinderung des Aufschlagens des Fahrkorbs auf die Wasserfläche).

3.4.4.5 Zusammenwirken mit dem sicherheitstechnischen Umfeld des Feuerwehraufzuges

Um einen Aufzug als sicherheitstechnische Einrichtung Feuerwehraufzug bezeichnen zu können, sind im Umfeld Bedingungen zu schaffen, die im Einsatzfall den Einsatzkräften auch eine sichere Nutzung gewährleisten können. Sichere Vorräume vor den Schachtzugängen werden durch Wände und Feuer-/Rauchschutztüren, wie auch durch Rauchschutzdruckanlagen (RDA) geschaffen. Eine Ersatzstromversorgung mit acht Stunden Laufzeit (Brandereignis × Stunden nach Ausfall der allgemeinen Stromversorgung) ist zwingend erforderlich.

Vielfach werden in Gebäuden der BMA jegliche Arten der Steuerungen von Sicherheitseinrichtungen „anvertraut". Da aber auch die BMA gewissen äußeren Einflüssen, wie Umprogrammierungen usw. ausgesetzt sind, wird es für erforderlich gehalten, dass das Sicherheitssystem Feuerwehraufzug auch ohne Ansteuerungen der BMA funktioniert. Dies hat zur Folge, dass die Verbindungen zur Ersatzstromversorgung und zur RDA inkl. der über Feststellvorrichtungen offen gehaltenen Türen der FWA-Vorräume hardwaremäßig direkt vorzunehmen sind.

Bei vorhandener BMA ist die Phase 1 des FWA-Betriebes (FWA fährt Hauptzugangsstelle an, bleibt mit geöffneten Türen stehen und wartet auf Betätigung des FWA-Betriebsschlüssels an der Hauptzugangsstelle) automatisch einzuleiten. Des Weiteren sind die nach Sonderbauvorschriften bauseitig zu installierenden Sprechanlagen zwischen den FWA-Vorräumen und dem BMA-Raum einzuschalten (hierüber sollen sich Personen mit Einschränkungen, die sich in den FWA-Vorraum gerettet haben, zur FW bemerkbar machen können). Alternativ zu dieser reinen Sprechanlage bietet es sich an, diese zusätzlich mit einem Kameramodul auszustatten, so dass vom BMA-Raum eine schnelle und umfassende Kontrolle aller FWA-Vorräume möglich ist, ohne diese jeweils anfahren zu müssen. Bei Umsetzung kann auch auf die Sichtfenster in den Fahrschacht und Fahrkorbtüren verzichtet werden, da durch diese Fenster in vielen Fällen eine Kontrolle des gesamten FWA-Vorraumes aufgrund dessen Grundrisses gar nicht möglich ist.

3.4.5 Prüfung von Feuerwehraufzügen

In der Praxis zeigen sich gerade auch im Hinblick auf die Funktionstüchtigkeit der Feuerwehraufzugsanlagen erhebliche Sicherheitsdefizite, die dem Schutzziel der Ermöglichung wirksamer Lösch- und Rettungsmaßnahmen widersprechen.

Die Prüfung der Feuerwehraufzugfunktionen ist erst durch die neue Betriebssicherheitsverordnung (BetrSichV) vom 03.02.2015 mit Inkrafttreten am

01.06.2015 zwingend vorgeschrieben. Die Prüfung ist durch zugelassene Überwachungsstellen (ZÜS) durchzuführen. Der Feuerwehraufzugbetrieb ist somit vor der erstmaligen Inbetriebnahme und nach prüfpflichtigen Änderungen sowie bei wiederkehrenden Prüfungen (Hauptprüfung) in Zeitabständen von längstens zwei Jahren zu überprüfen. Des Weiteren wird durch folgende Textpassage eindeutig geregelt, dass auch das sicherheitstechnische Umfeld des Gesamtsystems Feuerwehraufzug einer Gesamtüberprüfung (Wirkprinzipprüfung) unterzogen werden muss:

„Zur Prüfung gehören auch alle aufzugsexternen Sicherheitseinrichtungen, die für die sichere Verwendung der Aufzugsanlage erforderlich sind, wie Überdrucklüftungsanlage oder Notstromversorgung von Feuerwehraufzügen. Bei den Prüfungen nach diesem Abschnitt sollen gleichwertige Ergebnisse von Prüfungen nach anderen Rechtsvorschriften des Bundes und der Länder berücksichtigt werden.“

Dieser zusätzliche Aufwand (Koordinierung, Zeit und Kosten) der Prüfung stößt natürlich bei den Betreibern nicht auf ungeteilte Zustimmung. So wird z.B. versucht, die Stromunterbrechung bei Ausfall der allgemeinen Versorgung und die Übernahme durch die Ersatzstromversorgung und deren Auswirkungen auf die Aufzugssteuerung durch einfaches Aus- und Einschalten des Hauptschalters im Aufzugsmaschinenraum o. dgl. zu simulieren, was hier aber mitnichten zielführend ist.

3.4.5.1 VDI 3809 Blatt 2 – Prüfung gebäudetechnischer Anlagen – Feuerwehraufzüge

Als Arbeitsmittel zur Sicherstellung von Erst- und wiederkehrenden Prüfungen des Gesamtsystems „Feuerwehraufzug“, das dem hohen sicherheitstechnisch relevanten Schutzziel gerecht werden kann, wurde die VDI-Richtlinie 3809 Blatt 2 „Prüfung gebäudetechnischer Anlagen – Feuerwehraufzüge“ erstellt, die

- Anforderungen an einen Feuerwehraufzug,
- aufzugseitige Voraussetzungen für Prüfungen,
- Durchführung von Prüfungen,
- Ergebnisse und Dokumentation der Prüfung,
- Anhänge mit Checklisten

beschreibt.

Die Prüfung besteht aus einer Ordnungsprüfung und einer Technischen Prüfung.

Konsequenzen einer nicht bestandenen Prüfung können bzw. müssen sein:

- Kompensation (z.B. dauerhafte Stellung von Personal und Material zur Brandbekämpfung, nicht nur während der Betriebszeit!)
- Stilllegung des Gebäudes oder der betroffenen Geschosse oberhalb der Hochhausebene (22 m) inkl. Stromversorgung, allpolige Abschaltung

■ Brandfallsteuerungen von Aufzugsanlagen

Neben den Möglichkeiten, die Brandfallsteuerung über manuelle Bedienstellen oder autarke, mit der Aufzugssteuerung direkt verbundene Rauchschalter auszulösen, sind in Gebäuden mit BMA die Aufzugsanlagen bei Brandereignissen entsprechend anzusteuern. Hierbei sollte dann der Aufzug nur die erste Bestimmungshaltestelle (z.B. EG) anfahren, wenn dort keine Verrauchung detektiert wurde. Wenn ja, wird die zweite Bestimmungshaltestelle angefahren usw. Vielfach wird vorgeschrieben oder gewünscht, dass der Aufzug dort zur schnelleren Überprüfbarkeit, dass keine Personen mehr anwesend sind, mit geöffneten Türen festgesetzt wird. Dieses ist aber nur dort zulässig, wo keine brandschutztechnischen Anforderungen an die Fahrschachttüren gestellt werden, also nur dort, wo **alle** Fahrschachttüren eines Aufzuges sich im gleichen Luftraum (Treppenraum, Atrium o.Ä.) befinden. Des Weiteren sind an der Aufzugsanlage zusätzliche Einrichtungen erforderlich, die zuverlässig verhindern, dass sich der Fahrkorb bei geöffneten Türen aus der Etage bewegt. Liegen die Fahrschachttüröffnungen in unterschiedlichen Etagen mit brandschutztechnischer Abtrennung, gelten auch für die Fahrschachttüren entsprechende Anforderungen zur Verhinderung der Übertragung von Feuer und Rauch von Geschoss zu Geschoss. Diese Anforderungen erfüllen die Fahrschachttüren, wie auch andere Feuer- und Rauchschutztüren nur im geschlossenen Zustand. Somit ist bei diesen Anlagen die Fahrschachttür nach Ankunft in der Brandfallhaltestelle nach längstens 20 s wieder zu schließen. Für Personen im Fahrkorb bleibt der TÜR-AUF-Taster aktiv, so dass diese den Fahrkorb verlassen können. Zur Kontrolle durch Einsatzkräfte muss der Ruftaster in der Bestimmungshaltestelle aktiv bleiben, so dass die Türen sich nach Betätigung für max. 20 s öffnen. Sollte die elektrische Funktion nicht mehr aktiv sein, ist die Öffnung der Fahrschachttür immer noch über den Aufzugdreikantschlüssel möglich.

3.5 Gebäudefunk

Eine sichere Kommunikation zwischen Feuerwehreinsatzkräften ist für den effektiven Feuerwehreinsatz und die Sicherheit der Einsatzkräfte maßgeblich. Wegen des verstärkten Einsatzes von funkwellenabsorbierenden Baustoffen (z.B. Metallkonstruktionen, Stahlbeton, bedampfte Glasscheiben), als auch veränderter Bauweisen (z.B. mehrere Tiefgeschosse, innenliegende Treppenräume usw.) kann der Funkverkehr stark eingeschränkt oder gar unmöglich sein. Physikalisch bedingt treten massive Beeinträchtigungen (z.B. Reflexionen) der Ausbreitung von elektromagnetischen Wellen gegenüber dem Idealfall des freien Raumes auf. Zur Durchführung einer effektiven Personenrettung, Brandbekämpfung und technischen Hilfeleistung sowie zur Sicherung der Einsatzkräfte (z.B. Übertragung von Notsignalen) ist durch geeignete technische Mittel (Feuerwehr-Gebäudefunkanlagen) eine ausrei-

Abb. 3.5/1: Feuerwehr-Gebäudefunk Bedienfeld (Foto: Preißl)

chende Funkversorgung in solchen Objekten zu gewährleisten. Je nach Ausrüstungsstand der örtlich zuständigen Feuerwehr kommen analoge oder digitale Anlagen – oder Kombinationen aus beiden – zur Anwendung, die bei BMA-Alarm automatisch aktiviert werden. Zur manuellen Bedienung und Anzeige ist ein Feuerwehr-Gebäudefunk Bedienfeld (FGB) in unmittelbarer Nähe des Feuerwehr-Bedienfeldes (FBF) zu installieren.

„Menschliche" Relaisstellen (Trupps i.d.R. unter Atemschutz zur Weiterleitung von Funknachrichten) oder technische aber manuell zu setzende Relaisstellen (bzw. Repeater) sind nur ausnahmsweise bzw. in Einzelfällen eine sinnvolle Lösung und können automatische und bauseits vorhandene Gebäudefunkanlagen nicht gleichwertig ersetzen!

3.6 Rauchwarnmelder

In Rauchwarnmeldern (Heimrauchmeldern) sind im Gegensatz zu Rauchmeldern einer BMA immer eine Sirene oder Signalgeräte eingebaut. Gemäß DIN 14676 sind diese Geräte nur in Wohnungen und vergleichbaren Nutzungseinheiten einzusetzen. Eine Kopplung der Geräte (ein Rauchwarnmelder löst aus, alle hiermit verbundenen Melder alarmieren mit) ist bei entsprechenden Geräten möglich.

Im Gegensatz zu Brandmeldern, die über Brandmeldeanlagen Brandausbrüche an die Feuerwehr melden sollen, haben die Rauchwarnmelder die vorrangige Aufgabe, Personen, die sich in Räumen aufhalten, vor etwaigen Bränden zu warnen. Besonders schlafende Personen sind gefährdet, einen Brand nicht im Anfangsstadium zu bemerken und können dadurch leicht zu Schaden kommen. Die Rauchwarnmelder dienen daher eher dem Personen- als dem Sachschutz. Eine Alarmierung der Feuerwehr kann nur indirekt erfolgen, wenn Personen anwesend sind.

Abb. 3.6/1: Heimrauchmelder (Foto: Heidrich)

In fast allen Bundesländern gilt die baurechtliche Pflicht zur Ausstattung von Wohnungen mit Rauchwarnmeldern auch für Gebäude im Bestand, wodurch auch die Einsatzzahlen durch ausgelöste Geräte (echte Einsätze, wie auch Fehlalarme) deutlich angestiegen sind.

3.7 Hausalarm, Alarmierungsablauf bei Brandmeldezentralen

Hausalarmanlagen sind objektinterne Alarmierungseinrichtungen ohne Aufschaltung zur Feuerwehr. Von einfachen Druckknopfmeldern zur Aktivierung von Sirenen o.Ä. bis zu automatischen, flächendeckenden Anlagen zur Gefahrendetektion sind hier alle Anlagenarten möglich.

Vielfach wurden zur Unterscheidung, ob ein Druckknopfmelder auch die Feuerwehr alarmiert oder nicht, die Melder ohne Durchschaltung mit blauem Gehäuse und Aufschrift Hausalarm verwendet. Nach europäischer Farbvorgabe für diese Handfeuermeldergehäuse müssen diese jedoch rot sein. Zur Unterscheidung kann der Schriftzug „Hausalarm“ verwendet werden.

Eingesetzt werden diese Anlagen u.a. in Kindergärten, wo es nur während der Betriebszeit darauf ankommt, die anwesenden Personen zu warnen. Die Meldung an die Feuerwehr wird dann bei Bedarf vom Personal per Telefon vorgenommen. Diese Anlagen sollten sich qualifiziert selbst überwachen, damit eine Störung schnellstmöglich wahrgenommen und auch abgestellt werden kann.

Für Objekte mit Anlagen ohne Aufschaltung hat sich die Anwendung folgender Vorgaben bewährt:

„Das Objekt ist flächendeckend auf die Kenngröße Rauch mittels einer Brandmeldeanlage zu überwachen und mit Signalgebern zur internen Alarmierung auszustatten. Die BMA ist gemäß DIN 14675 / VDE 0833 zu planen, zu installieren und zu betreiben. Aufgrund der Schutzzielbetrachtung dieser Einrichtung mit sofortiger Alarmierung und Räumung des Gebäudes kann auf die brandschutztechnische Abtrennung des Zentralgerätes (Funktionserhalt E-30) bei entsprechender Überwachung des Aufstellbereiches verzichtet werden. Störmeldungen müssen nur innerbetrieblich während der Dienstzeiten wahrgenommen und entsprechend beseitigt werden. Automatische externe Weitergaben sind nicht erforderlich. Auf die Einrichtung eines

Fernalarms nach DIN 14675 Pkt. 6.2.5.1 / Anhang H Pkt. H.2.3. bzw. VDE 0833-2 Pkt. 6.3.1 kann verzichtet werden.

Für die Ausführung der BMA kann weiter auf folgende nach DIN 14675 erforderlichen Anlagenkomponenten verzichtet werden:

- Feuerwehrbedienfeld (FBF)
- Feuerwehranzeigetableau (FAT)
- Feuerwehrschlüsseldepot (FSD)
- Freischaltelement (FSE)
- Blitzleuchte
- Einsatz- und Objektpläne nach DIN 14095

Anstelle eines Laufkartensatzes für die jeweiligen Meldergruppen ist ein Übersichtsplan zum Meldergruppenverzeichnis an der BMZ deutlich sichtbar auszuhängen."

3.8 Feuerwehrpläne und -laufkarten

Feuerwehrpläne sind Führungsmittel und dienen der Einsatzvorbereitung sowie der raschen Orientierung und Beurteilung der Lage im Schadensfall. Durch die immer größer werdende Zahl der Objekte mit erhöhter Gefahrenneigung gewinnen Feuerwehr(einsatz)pläne an Bedeutung. Ohne Feuerwehrpläne wären wegen der Größe und den betriebsbedingten Eigenschaften der Objekte umfangreiche Erkundungen erforderlich. Die Einsatzkräfte müssen auf bestehende Gefahren und spezifische Objekteigenschaften hingewiesen werden, damit ein sicheres und schnelles Vorgehen möglich wird. Diese Erkundung wäre ohne Feuerwehrpläne sehr zeitintensiv. Daher verkürzen Feuerwehrpläne die Rettungszeit in baulichen Anlagen.

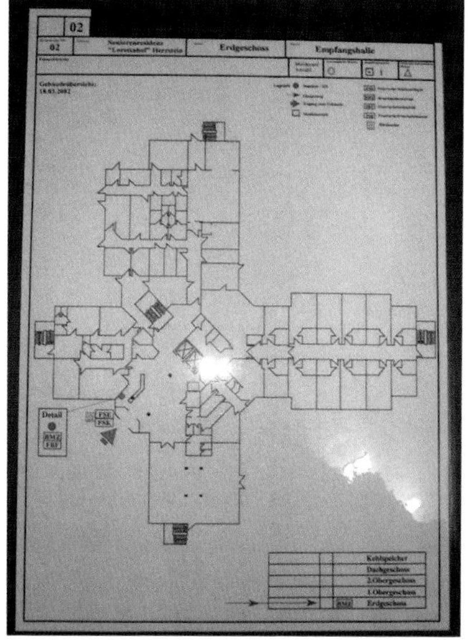

Abb. 3.8/1: Laufkarte (Foto: Wendel)

4 Gliederung der taktischen Einheiten

4.1 Anfahrt und Bereitstellungsraum

Wird eine Feuerwehr zu einem Einsatz mit dem Stichwort „Einlauf Brandmeldeanlage“ alarmiert, unterscheidet sich dieser Einsatz grundsätzlich nicht von einem Einsatz mit Alarmstichwort für einen sonstigen Brandeinsatz, beispielsweise Gebäudebrand. Die Feuerwehreinsatzkräfte dürfen nicht den Fehler machen, die Brandmeldeanlage des jeweiligen Gebäudes als Hinweis auf einen möglichen Fehlalarm zu betrachten – im Gegenteil. Die Feuerwehr erhält hier in der Regel frühzeitig eine Alarmierung zu einem Brand in der Entstehungsphase. Somit ist das Stichwort „Brandmeldealarm“ in der örtlichen Alarm- und Ausrückeordnung (AAO) einem sonstigen Brandeinsatz gleichzustellen und auch im Alarmierungsfall entsprechend auszurücken.

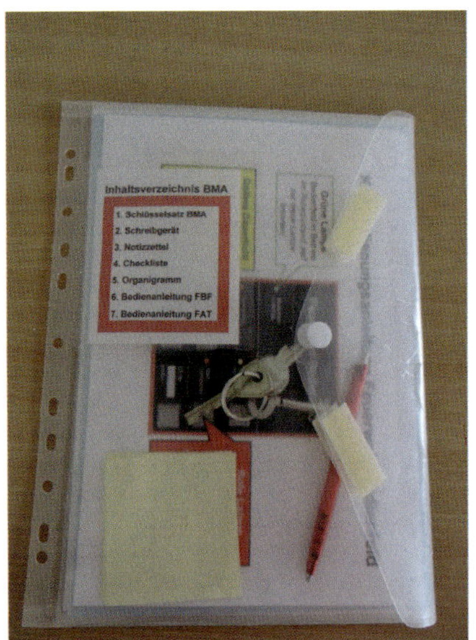

Abb. 4.1/1: Einsatzmappe BMA als Hilfsmittel für den Gruppenführer (Foto: Heidrich)

Abb. 4.1/2: Der Gruppenführer hat auf der Anfahrt die Objektunterlagen eingesehen. (Foto: Dunkel, Herborn)

Bereits auf der Anfahrt sollte sich der Gruppenführer des erstausrückenden Löschfahrzeuges mit den Gegebenheiten vor Ort vertraut machen. Hierzu ist es zu empfehlen, dass die Unterlagen der Alarm- und Einsatzplanung für den Gruppenführer in Papierform oder digitaler Form zur Verfügung stehen. Hiermit kann er sich über festgelegte Zufahrten zum Objekt, Lage des Feuerwehrschlüsseldepots und Zugang zum Feuerwehrbedienfeld, vordefinierte Bereitstellungsräume, vorhandene brandschutztechnische Anlagen wie Sprinkleranlagen oder Rauch- und Wärmeabzugsanlagen, besondere Gefahren oder Hinweise zur Gebäudenutzung informieren.

Parallel sollte die Leitstelle bzw. die Feuerwehreinsatzzentrale (FEZ) im Hintergrund versuchen, Kontakt zum Anlagenbetreiber aufzunehmen. Dieser kann ggf. Hinweise auf ein konkretes Brandereignis bestätigen, bzw. auf das Vorliegen eines Fehlalarms geben. In diesem Falle ist jedoch Vorsicht geboten. Häufig werden Vorfälle wie „Essen auf Herd“ durch die Betreiber als Fehlalarm beschrieben. In der Praxis waren gerade bei solchen frühen Rückmeldungen um-

Abb. 4.1/3: Bereits auf der Anfahrt ist ein realer Brand erkennbar. (Foto: Feuerwehr Düsseldorf)

Abb. 4.1/4: An der Einsatzstelle angekommen ist der Angriffstrupp bereits ausgerüstet. (Foto Dunkel, Herborn)

fangreiche Belüftungsmaßnahmen notwendig. Häufig jedoch lösen die brandschutztechnischen Anlagen aber auch aufgrund von Bau- oder Wartungsarbeiten aus, wodurch sich der Einsatz der Feuerwehr auf das Zurückstellen der Anlage begrenzt.

Während der Gruppenführer die Anfahrt zum Objekt plant und sich über die örtlichen Verhältnisse (Zugang FSD und Brandmeldezentrale etc.) informiert, rüstet sich der Angriffstrupp auf der Anfahrt soweit möglich (je nach Einsatzfahrzeug) mit Atemschutz aus. Stellt der Gruppenführer auf der Anfahrt zu dem Objekt bei der Lage auf Sicht konkrete Hinweise auf ein Brandereignis fest, so gibt er diese Hinweise per Funk an alle Einsatzkräfte weiter. Dadurch können bereits entsprechende Nachalarmierungen veranlasst werden, ohne einen weiteren Zeitverzug in Kauf nehmen zu müssen. Ein Auslesen der Brandmeldeanlage wird im weiteren Verlauf jedoch Aufschluss über Entstehung und Ausmaß des Brandes geben können.

Um die Ordnung des Raumes im Falle eines Realeinsatzes von Beginn an sicherstellen zu können, empfiehlt es sich, für Objekte mit Brandmeldeanlagen genaue Anfahrtswege für die Rettungskräfte festzulegen und Bereitstellungsräume auszuweisen. Dadurch ist gewährleistet, dass bestimmte Zufahrtswege frei bleiben und eine geordnete Einsatzstruktur vorhanden bleibt. Es empfiehlt sich, dass nur das erstausrückende Löschfahrzeug die Brandmeldezentrale direkt anfährt.

Alle nachfolgenden Kräfte sollen entsprechend der Alarm- und Einsatzplanung in für sie vorgesehene Bereitstellungsräume fahren. Gerade bei Altenheimen, Schulen und sonstigen sozialen Einrichtungen hat sich in der Praxis gezeigt, dass durch eine schlagartige Überpräsenz an Rettungskräften eine Panik bei den betroffenen Personen vor Ort ausgelöst werden kann. Diese können eine Erkundung durch die Führungskraft bzw. das Einleiten erster Maßnahmen erheblich behindern. Auch kann es zu Zwischen- und Notfällen (z.B. ausgelöst durch den Stress) kommen, wodurch die ersten Einsatzkräfte zusätzlich gebunden werden. Gerade bei nichtbestätigten Alarmen kann dieses Risiko vermieden werden, indem nicht mehr Einsatzkräfte als zuerst notwendig das Objekt direkt anfahren.

Ein weiterer Vorteil beim Einrichten eines Bereitstellungsraumes ergibt sich daraus, dass bei größeren Objekten mit Feuerwehrzu- bzw. -umfahrten und vordefinierten Aufstellflächen nach Erkundung die optimale Zufahrt und Aufstellfläche gewählt werden kann. Dadurch wird sichergestellt, dass die Zugänge optimal genutzt werden mit möglichst wenig Anmarschweg

Abb. 4.1/5: Die Feuerwehr verschafft sich die Zufahrt zum Objekt. (Foto: Dunkel, Herborn)

für die eingesetzten Kräfte und Hubrettungsfahrzeuge optimal platziert werden können. Eine bereits eingesetzte Einsatzdynamik mit aufgebautem Löschangriff ist im Einsatzfall schwer rückgängig zu machen. Häufig muss die Feuerwehr bis zum Einsatzende mit diesen „Fehlern" zu Einsatzbeginn klarkommen.

Abb. 4.1/6: Einheiten der Feuerwehr im Bereitstellungsraum (Foto: Dunkel, Herborn)

Aufgrund der Gebäudekomplexität bei öffentlichen Einrichtungen, Industriebauten oder Geschäftspassagen ist dies nicht so leicht zu kompensieren wie beispielsweise bei einem Brand in einem Einfamilienhaus. Hier sind die Wege in der Regel überschaubar, auch kann ein Hubrettungsfahrzeug aus nicht ganz optimaler Aufstellfläche heraus einen Einsatzerfolg erzielen.

4.2 Staffel bzw. Gruppe

Nachfolgend werden mögliche Standardaufgabenverteilungen beim Einsatz „Brandmeldeanlage" beschrieben und definiert. Die Ausführungen sind nicht abschließend und unbedingt auf die eigene Feuerwehr anzupassen. Ein Abweichen hiervon ist je nach Einsatzlage, örtlichen Gegebenheiten und vorhandenen Einsatzmittel denkbar und entsprechend zu beachten. Insbesondere kann dies bei einem klaren Realeinsatz der Fall sein, der sich bei Eintreffen der Feuerwehr ohne Erkundung über die Brandmeldezentrale feststellen lässt.

Die Staffel bzw. Gruppe besteht wie jede andere taktische Einheit aus Mannschaft und Gerät. Grundlage der Aufgabenverteilung ist die FwDV 3. Vergleiche hierzu auch CIMOLINO, SER „Einsatz von Löschgeräten“, 2005, innerhalb dieser Reihe.

Als mögliche Erstangriffsfahrzeuge werden angenommen LF 10, (H)LF 10, LF 16/12, (H)LF 20.

Andere Fahrzeuge (z.B. StLF 10/6, MLF) bzw. Besetzungen müssen entsprechend zur Gruppe ergänzt werden.

Abb. 4.2/1: Der Gruppenführer entnimmt den Schlüssel aus dem Schlüsseltresor im Fahrzeug. (Foto: Wendel)

■ Staffel-/Gruppenführer

Er leitet den Einsatz seiner Staffel/Gruppe und ist für deren Sicherheit verantwortlich. Er ist hierbei an keinen bestimmten Platz gebunden. Seine Aufgaben während der Anfahrt wurden bereits beschrieben. Nach dem Eintreffen an

Abb. 4.2/2: Eingangsbereich zum Einsatzobjekt (Foto: Wendel)

Abb. 4.2/3: Geöffnetes Feuerwehrschlüsseldepot mit Objektschlüssel (Foto: Wendel)

der Einsatzstelle gibt er eine entsprechende Rückmeldung an die Leitstelle bzw. die Feuerwehreinsatzzentrale. Er rüstet sich mit einem Handfunkgerät, dem Feuerwehrplan, Beleuchtungsgerät, Feuerwehrschlüssel und falls vorhanden der Einsatzmappe BMA *(vgl. Kap. 7)* aus.

Anschließend sucht er das Feuerwehrschlüsseldepot auf und entnimmt hieraus den oder die Objektschlüssel. Auch wenn der Zugang zum Objekt und gegebenenfalls zur Brandmeldezentrale gewährleistet ist, entnimmt der Gruppenführer immer die Objektschlüssel. Nur so ist auch sichergestellt, dass alle erforderlichen Schlüssel zur Verfügung stehen. Oftmals wird die Feuerwehr bei ihrem Eintreffen durch den Hausmeister erwartet, welcher angeblich Zugang zu allen Räumlichkeiten am Schlüsselbund mitführt. Ist dies dann einmal nicht der Fall, verliert die Feuerwehr kostbare Zeit. Auf Beteuerungen der vor Ort angetroffenen Personen sollte sich der Gruppenführer daher nicht verlassen.

Hat er den oder die Objektschlüssel an sich genommen, begibt er sich zur Brandmeldezentrale. Ausnahme hiervon könnte sein, dass bei der Frontalansicht oder auf konkreten Hinweis der Geschädigten hin bereits Maßnahmen zur Menschrettung (z.B. Person droht zu springen) oder Brandbekämpfung eingeleitet werden müssten. In diesem Fall gibt er einen entsprechenden Einsatzbefehl.

Begibt er sich zur Brandmeldezentrale wird er durch den Melder begleitet. Ist dieser nicht vorhanden (z.B. beim Einsatz einer Staffel), kann diese Aufgabe auch der Führer des Wassertrupps übernehmen. Dieser Feuerwehrangehörige verfügt ebenfalls über ein Funkgerät. Dieses Vorgehen sollte jede Feuerwehr objektspezifisch in ihrer eigenen SER (z.B. wer stellt den Sicherheitstrupp?) definieren.

Des Weiteren kann er durch den Angriffstrupp seines Fahrzeuges begleitet werden. Der Angriffstrupp sollte dann aber immer neben angelegtem Atemschutz auch über entsprechende Löschgeräte verfügen. Diese Entscheidung sollte die Feuerwehr entsprechend ihrer örtlichen Verhältnisse festlegen und klar definieren. Beide Varianten haben entsprechende Vor- und Nachteile. Als größter Vorteil ist das unmittelbare Eingreifen bei Feststellung eines Brandes

Abb. 4.2/4: Gruppenführer und Melder werten die BMZ aus. (Foto: Dunkel, Herborn)

Abb. 4.2/5: Gruppenführer mit Laufkarte und Angriffstrupp mit Kleinlöschgerät auf dem Weg zu ausgelöstem Brandmelder (Foto: Dunkel, Herborn)

im Rahmen der Erkundung anzusehen. Dies setzt allerdings die entsprechend mitgeführten Mittel und einen bereitstehenden Sicherheitstrupp nach FwDV 7 (spätestens jetzt) voraus, sofern es sich nicht um einen Kleinbrand in der Entstehungsphase handelt. Eine Mitnahme von mehr als einem Kleinlöschgerät scheidet aufgrund der örtlichen Verhältnisse bzw. des zeitlichen Verzugs meist aus. Eine Mitnahme von Schlauchmaterial und entsprechendem Hohlstrahlrohr zur Erkundung sollte nur bei Vorhandensein einer entsprechenden baulichen Vorhaltung von Löschwasser *(vgl. Kap. 3.2)* eine mögliche Option darstellen. Auch sollte der Gruppenführer die Erkundung in den rauchfreien Bereich möglichst selbst vornehmen und nicht durch einen Trupp veranlassen. Er trägt hier die entsprechende Verantwortung.

Hat er nun die Brandmeldezentrale erreicht und das FAT ausgewertet, begibt er sich mit der vorhandenen Laufkarte zu dem oder den ausgelösten Melder(n). Objektschlüssel, Beleuchtungsgerät und Funkgerät trägt er hierbei bei sich. Der Melder bzw. (bei einer Staffel) der Wassertruppführer verbleibt an der Brandmeldezentrale. Dieser kann nachfolgend den Gruppenführer über evtl. weiter auslösende Brandmelder informieren. Die Funkverbindung zischen den Einsatzkräften sollte sicherheitshalber nochmals überprüft werden.

Abb. 4.2/6: Melder an der Brandmeldezentrale. (Foto: Dunkel, Herborn)

Verfügt der Gruppenführer über einen wie oben beschriebenen Angriffstrupp, so nimmt er diesen zur weiteren Erkundung mit. Liegen zu diesem Zeitpunkt gesicherte Informationen über einen Fehlalarm vor, so kann der Gruppenführer den akustischen Räumungsalarm abstellen. Hierfür muss jedoch ein begründeter Verdacht vorliegen, da sich dadurch die Personen innerhalb des Gebäudes auch in falscher Sicherheit wiegen könnten. Bei klaren Hinweisen auf einen Fehlalarm wird hierdurch allerdings eine Beruhigung der Situation herbeigeführt.

Abb. 4.2/7: Gruppenführer mit Angriffstrupp im Brandgeschoss angekommen (Foto: Dunkel, Herborn)

Hat der Gruppenführer den betroffenen Gebäudeteil erreicht, gibt er entsprechende Rückmeldung an seine Einsatzkraft an der Brandmeldezentrale. Hat sich ein Fehlalarm bestätigt und das Räumungssignal wurde bisher nicht abgestellt, so kann dies jetzt erfolgen. Wurde ein Realeinsatz festgestellt oder wird er vermutet, erteilt er seiner Staffel bzw. Gruppe die entsprechenden Befehle. In jedem Fall sollte eine entsprechende Rückmeldung an die Leitstelle bzw. Feuerwehreinsatzzentrale erfolgen.

Abb. 4.2/8 Angriffstrupp nimmt die Angriffsleitung aus einem Wandhydrantenkasten vor. (Foto: Heidrich)

■ Melder

Rückt eine Feuerwehr mit einer Gruppe aus und verfügt somit über einen Melder, übernimmt dieser die Aufgabe zum Besetzen der Brandmeldeanlage.

Aufgrund der personellen Entwicklung in den Feuerwehren ist jedoch die Gruppe (und damit der Melder) selten im ersten Fahrzeug vorhanden. Er steht dem Gruppenführer daher zu diesem frühen Zeitpunkt in der Einsatzentwicklung nicht zur Verfügung. Diese Aufgabe übernimmt daher wie beschrieben der Wassertruppführer.

■ Maschinist

Der Maschinist ist Fahrer und leistet Hilfestellung bei der Entnahme der Geräte. Im weiteren Einsatzverlauf bedient er die Pumpe sowie Sonderaggregate und sichert ggf. die Einsatzstelle mit ab. Auch wird ihm im Regelfall die Wahrnehmung der Atemschutzüberwachung gemäß FwDV übertragen.

In der Erkundungsphase hält der Maschinist den Fahrzeugfunk besetzt und ist somit Ansprechpartner für die Leitstelle bzw. FEZ. Er verfügt ebenfalls über ein Handsprechfunkgerät und hält Kontakt zum Gruppenführer sowie zum FA an der Brandmeldezentrale und kann somit entsprechende Rückmeldungen empfangen und an die rückwärtigen Führungseinrichtungen weitergeben.

■ Angriffstrupp

Wie bereits beschrieben handelt es sich bei einem Brandemeldealarm so lange um einen Realeinsatz, bis zweifelsfrei das Gegenteil erwiesen ist. Somit ist es auch unabdingbar, dass der Angriffstrupp bereits beim Ausrücken mit einsatzfähigen Atemschutzgeräteträgern besetzt ist.

An der Einsatzstelle rüstet er sich auf Befehl hin mit Kleinlöschgerät oder sonstigen Einsatzmitteln zur Brandbekämpfung (abhängig von den örtlichen Verhältnissen) aus und begleitet den Gruppenführer bei der Erkundung. Entscheidet sich der Gruppenführer gegen diese Variante, verbleibt der Angriffstrupp am Löschfahrzeug.

Im weiteren Einsatzverlauf erhält er seine Befehle gem. FwDV 3 durch den Gruppenführer.

■ Wassertrupp

Der Wassertrupp wird gemäß den Vorgaben der FwDV 3 Sicherheitstrupp nach FwDV 7, sofern diese Aufgabe keinem sonstigen Trupp befohlen wurde. Wurde der Wassertruppführer zum Besetzen der Brandmeldezentrale herangezogen (Einsatz einer Staffel), sollte er diese Aufgabe nur so lange wahrnehmen, bis eine nachrückende Einsatzkraft an der Einsatzstelle eingetroffen ist. Hier könnte er durch den eintreffenden Zugführer abgelöst werden, welcher dann bis zur Rückkehr des Gruppenführers an der BMZ verbleibt. Alternativ wäre es möglich, innerhalb einer SER den Schlauchtrupp bei Brandeinsätzen als Sicherheitstrupp festzulegen. Dies hängt von der Alarm- und Ausrückeordnung und Fahrzeugkonstellation der betroffenen Feuerwehr ab.

Weitere Aufgaben ergeben sich aus dem Einsatzbefehl des Gruppenführers gemäß FwDV 3.

- **Schlauchtrupp**

Der Schlauchtrupp hat beim Einsatz Brandmeldeanlage keine besonderen Aufgaben wahrzunehmen, es sei denn, es werden in einer SER besondere Aufgaben (z.B. Sicherheitstrupp) zugeteilt.

4.3 Löschzug

Um einen wirkungsvollen Ersteinsatz zu gewährleisten, sollte der Löschzug die Standardeinheit für den Einsatz „Brandmeldeanlage“ sein. Nur so können bei den meisten Objekten im Ernstfall wirkungsvolle Erstmaßnahmen eingeleitet werden. Er besteht wie jede andere taktische Einheit aus Mannschaft und Gerät. Gerade im ländlichen Bereich kann sich der Löschzug aus verschiedenen Feuerwehreinheiten zusammensetzen und ergänzt sich erst an der Einsatzstelle zum Löschzug (z.B.: 1. Gruppe LF 10 aus A-Dorf, 2. Gruppe TLF 16/25 und DLK 23/12 aus B-Dorf sowie ELW 1 aus C-Dorf).

Allerdings kann es bei freiwilligen Feuerwehren auf Dauer zu Akzeptanzproblemen kommen, wenn im Alarmfall entgegen der AAO nur die erste Einheit ausrückt und die zweite Einheit in der Annahme eines Fehlalarms schon direkt abbestellt wird.

Es besteht so die Gefahr, dass bei Alarmierung nicht ausreichende Kräfte zum Gerätehaus fahren und so im Alarmfall nicht mehr alle Fahrzeuge besetzt werden können. Es werden Nachalarmierungen erforderlich, was wiederum zu zeitlichen Verzögerungen führt.

Grundlage der Aufgabenverteilung ist die FwDV 3. Vergleiche hierzu auch in dieser Buchreihe die SER „Der Zug im Einsatz von Lösch- und Rettungsgeräten“, CIMOLINO 2005.

Als mögliche Fahrzeuge werden angenommen:

ELW 1, KdoW oder MTW als Führungsfahrzeug

1. Gruppe: LF 8/6, LF 10, (H)LF 10, LF 16/12, (H)LF 20

2. Gruppe: TLF 16/25 und DLK[1] oder TSF und DLK oder wie 1. Gruppe

Abb. 4.3/1: Der Gruppenführer informiert den Einsatzleiter über die festgestellte Lage. (Foto: Dunkel, Herborn)

■ Zugführer

Der Zugführer leitet den Einsatz des Zuges und damit die ihm unterstellten Einheiten aus Trupps, Staffeln bzw. Gruppen.

[1] Ein geeignetes Hubrettungsfahrzeug sollte bei allen Gebäuden über zwei Obergeschossen bzw. bei allen weitläufigen Objekten grundsätzlich mit hinzu alarmiert werden, wenn es nicht von Anfang an mit vorgesehen ist!

Abb. 4.3/2: Der Einsatzleiter weist seinen Führungsassistenten in die Lage ein. (Foto: Dunkel, Herborn)

Abb. 4.3/3: ELW 1 im Einsatz (Foto: Wendel)

Er führt den Führungsvorgang im Sinne der FwDV 100 durch und erteilt Aufträge und Befehle an die Führer der ihm unterstellten Einheiten.

Beim alleinigen Einsatz des Löschzuges an einer Einsatzstelle nimmt der Zugführer die Funktion des Einsatzleiters wahr. Ansonsten wird er nach Weisung der nächst höheren Führungsebene, z.B. als Verbandsführer oder Abschnittsleiter, tätig.

Diese Aufgaben kommen allerdings erst zum Tragen, wenn es sich um einen bestätigten Realeinsatz handelt. Vorher ist sein Tätigkeitsbereich eingeschränkt.

Er begibt sich zur Brandmeldezentrale und löst dort den Melder bzw. Wassertruppführer oder die sonst nach SER bestimmte Einsatzkraft ab und wartet auf die Rückmeldung/Rückkehr seines ersten Gruppenführers.

Hat er diese erhalten, trifft er weitere Entscheidungen und übernimmt nach abgeschlossener Einweisung bis zum Eintreffen der nächsthöheren Führungskraft die Einsatzleitung.

■ Führungsassistent

Der Führungsassistent ist – entsprechende Ausbildung vorausgesetzt – der stellvertretende Zugführer.

Er übernimmt Aufgaben des Zugführers nach Weisung. Dies könnte hier beispielsweise die Einrichtung der Bereitstellungsräume sein. Je nach Umfang des Erstalarms nach AAO ist dies wie bereits beschrieben von Beginn an maßgeblich für eine geordnete Einsatzstruktur.

Sollte sich in Folge der Erkundung ein Realeinsatz entwickeln, können ihm nach Übergabe an einen sonstigen Leiter Bereitstellungsraum weitere Aufgaben durch den Zugführer zugeteilt werden.

■ **Führungsgehilfe**

Der Führungsgehilfe fährt den Einsatzleitwagen und wird als Melder des Zugführers tätig. Er sollte mindestens über eine Gruppenführerausbildung verfügen. Er unterstützt den Zugführer bei der Information und der Kommunikation. Er bedient an der Einsatzstelle die Kommunikationsgeräte sowie gegebenenfalls die sonstige Ausstattung des Einsatzleitwagens.

4.4 Verstärkter Löschzug (Verband)

Je nach Gefährdungspotenzial des durch eine BMA gesicherten Objektes kann im Ersteinsatz auch ein verstärkter Löschzug erforderlich sein. Die genaue Konstellation sollte jede Feuerwehr in ihrer eigenen SER für das jeweilige Objekt definieren und festlegen. Da es sich hier meist um orts- und objektspezifische Lösungen handelt, würde dies im Rahmen dieses Buches zu weit führen. Vergleiche hierzu auch die SER „Der Zug im Einsatz von Lösch- und Rettungsgeräten", Cimolino 2005.

4.5 Kommunikation

Insbesondere bei größeren und unübersichtlichen Einsatzobjekten ist eine funktionierende Kommunikation unabdingbar. Es sollten hier die gleichen Kommunikationskonzepte zum Einsatz kommen, welche auch bei allen anderen Einsätzen verwendet werden, vgl. ausführlich im Buch der Reihe Einsatzpraxis zur Kommunikation im Einsatz, Cimolino, 2000–2008. Insbesondere bei unklaren Lagen wäre ein Erliegen der Funkverbindung nachteilig, da ein festgestellter Brand verspätet weitergemeldet werden würde mit der Konsequenz, dass die wirksame Hilfe erst verspätet eingeleitet wird. Aber auch ein festgestellter Fehlalarm sollte schnellstmöglich kommuniziert werden, da

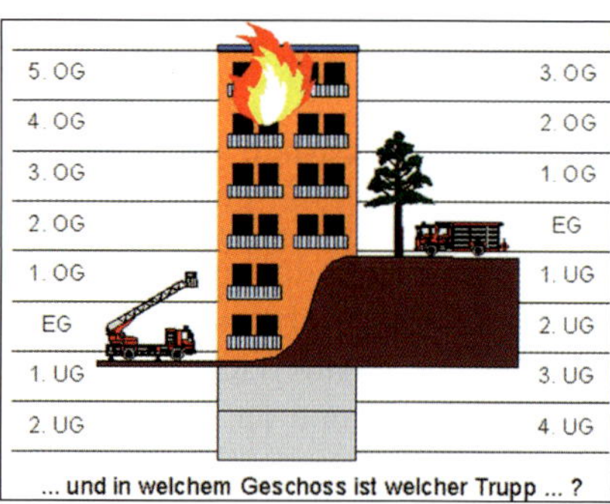

Abb. 4.4/1: In welchem Geschoss ist jetzt der Trupp? (Grafik: Cimolino)

sich dadurch die Situation entspannt und anrückende Kräfte die Einsatzfahrt ggf. abbrechen können.

Ebenfalls wichtig für den Einsatzerfolg ist es, dass alle eingesetzten Kräfte das Gebäude „mit den gleichen Augen“ sehen. Insbesondere aus verschiedenen Richtungen können sich unterschiedliche Auslegungen des betroffenen Geschosses ergeben, beispielsweise bei Gebäuden in Hanglage.

Bei außenliegenden Treppenhäusern ist eine Durchnummerierung dazu geeignet, die Orientierung zu verbessern. Dies sollte im Feuerwehrplan ebenfalls kenntlich gemacht sein.

Abb. 4.4/2: Zusatzschilder für die Feuerwehr (Foto: Heidrich)

In modernen Gebäuden kommt vermehrt der Gebäudefunk für die Einsatzkräfte der Feuerwehr zum Tragen, Details siehe hierzu auch Kap. 3.5 Gebäudefunk.

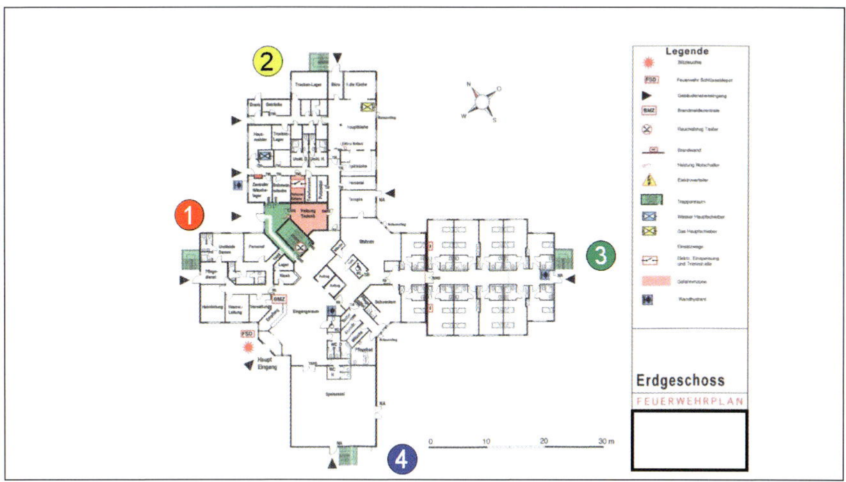

Abb. 4.4/3: Querverweis im Feuerwehrplan (Foto: Wendel)

5 Taktische Einsatzempfehlungen

Wir finden Brandmeldeanlagen in den unterschiedlichsten Objekten und Gebäuden. In diesem Kapitel soll in Kurzform auf die jeweiligen Gefahren eingegangen werden. Die aufgezeigten Gefahren erheben keinen Anspruch auf Vollständigkeit. Jede Feuerwehr sollte für die Objekte mit Brandmeldeanlage in ihrem Zuständigkeitsbereich eine eigene Gefahrenanalyse machen. Des Weiteren sollten zu jedem Objekt die entsprechenden Feuerwehr-(Einsatz) pläne vorgehalten werden. Hier ist neben der Erstellung auch darauf zu achten, dass diese Pläne regelmäßig und bedarfsorientiert aktualisiert werden.

Als Grundlage zur Aufstellung der Gefahren der Einsatzstelle diente das erweiterte Gefahrenschema von Dr. Ulrich Cimolino.

Welche Gefahren sind erkannt?												
Gefahren durch → / Gefahren für ↓	Absturz	Angstreaktion	Atemgifte	Atomare Strahlung	Ausbreitung	Biologische Stoffe	Chemische Stroffe	Einsturz	Elektrizität	Erkrankung/ Verletzung	Ertrinken	Explosion
	A	A	A	A	A	B	C	E	E	E	E	E
Welche Gefahren müssen bekämpft werden?												
Menschen												
Tiere												
Umwelt	—	—						—	—	—		
Sachwerte		—								—		
Vor welchen Gefahren müssen die Einsatzkräfte geschützt werden?												
Mannschaft												
Gerät		—								—		

Abb. 5/1: Gefahrenschema nach Dr. Ulrich Cimolino (Grafik: Wendel)

5.1 Industriebauten

Industriebauten unterliegen anderen Rechtsvorschriften als Wohngebäude. Neben der Industriebaurichtlinie findet ggf. das Bundesimmissionsschutzgesetz mit der Störfallverordnung bzw. das Chemikalienschutzgesetz Anwendung.

Für die Feuerwehr können dort unzählige Gefahren in den unterschiedlichsten Bereichen vorliegen. Oft ist das Gelände mit einer massiven Einzäunung umgeben und nicht immer ist ein 24/7-Zugang möglich, weil es keine dauerhaft besetzte Pforte (mehr) gibt. Die Erkundung ist oft erschwert, weil weite Wege von der Brandmeldeanlage bis zu den betroffenen Gebäuden zurückzulegen sind. Häufig verfügen Industriebetriebe neben RWA auch über Löschanlagen mit den unterschiedlichsten Löschmitteln. Es ist daher für die alarmierte Feuerwehr im Rahmen der Alarm- und Einsatzplanung notwendig zu wissen, um welche Art von Betrieb es sich handelt. Nur wenn die Feuerwehr weiß, was in diesem Betrieb verarbeitet bzw. gelagert wird, lassen sich auf der Anfahrt bereits Rückschlüsse auf die Gefahren ziehen, welche die Feuerwehr bei einem Einsatz in diesem Betrieb erwarten können.

Grundsätzliche Beschreibung der Gefahren:

Absturz	Arbeiten auf Zwischenpodesten oder Dächern, auf bzw. in höheren Anlagen oder Lägern.
Angstreaktion	Je nach Anzahl von Beschäftigen kann es hierzu nach Bränden mit starker Rauchentwicklung oder Explosionen kommen. Vorteil ist, dass sich die meisten Mitarbeiter im Betrieb auskennen und auch über die Flucht- und Rettungswege informiert sind. Ausnahme können hier Fremdfirmen oder Leiharbeiter sein.
Atemgifte	Eingelagerte Rohstoffe, Betriebsstoffe und Verpackungsmaterial können ausgasen oder bei einem Brand unterschiedliche Atemgifte erzeugen (vgl. vfdb RL 10/03 Schadstoffe bei Bränden). Häufig werden brennbare Dämmstoffe im Wand- und Dachbereich eingesetzt. Ausgelöste Löschanlagen (z.B. CO_2).
Atomare Strahlung	Je nach Betrieb sind auch radioaktive Stoffe möglich. Medizinprodukte können derartige Stoffe enthalten, sie werden aber auch z.B. für Schichtdickenmessungen in der Produktion von z.B. Stahlprodukten eingesetzt.
Ausbreitung	Feuer- und Rauchausbreitung vor allem durch bauliche Mängel, wie nicht verschlossene Installationsleitungen oder blockierte oder beschädigte Brandschutztüren. Enge Bebauung des Geländes. Ausbreitung von Betriebsstoffen oder Löschwasser durch das Kanalsystem.
Biologische Stoffe	Je nach Betrieb möglich, grundsätzlich auch ein Problem bei Biogasanlagen!
Chemische Stoffe	Je nach Betrieb möglich.

Einsturz	Bei eingeschossiger Stahlskelettbauweise gibt es oft keine Auflagen an die Feuerwiderstandsdauer. Die Stahlbauteile verlieren innerhalb kürzester Zeit ihre Tragfähigkeit und können einstürzen. Einsturzgefahr besteht auch bei Hochregallagern, wenn die Metallregale heiß werden. Ähnliche Probleme bei Nagelbinderkonstruktionen einfacher Hallen.
Elektrizität	Die Maschinen haben oft einen 400-Volt-Stromanschluss, Hallenanschlüsse können auch mit Mittelspannungsanlagen versehen sein, wenn es entsprechend viele große Verbraucher gibt. Trafos auf dem Gelände mit Hochspannungsleitungen. Blockkraftheizwerke (BHKW) die Wärme und Strom produzieren. Photovoltaikanlagen auf den Hallendächern.
Erkrankung/ Verletzung	Noch laufende und rotierende Maschinenteile. Austritt von Gefahrstoffen oder Dampf aus beschädigten oder gebrochenen Rohrleitungen.
Ertrinken	In vielen Industrieanlagen gibt es z.T. auch offene Anlagen mit flüssigen Produkten, z.T. gibt es auch Löschteiche bzw. Anleger für Schiffe.
Explosion	Rauchgasdurchzündung Druckgasflaschen Betriebsstoffe, Rohstoffe oder Fertigprodukte

Abb. 5.1/1: Betrieb mit mehreren Einzelgebäuden auf verschiedenen Grundstücken mit einer zentralen BMA (Foto: Wendel)

Einsätze in Industriebetrieben können die Feuerwehr vor große Herausforderungen stellen. Durch die überschaubare Zahl von Mitarbeitern und die Ortskenntnis dürfte der Schwerpunkt der Feuerwehr bei der Brandbekämpfung liegen. Hier ist dringend auf die Löschwasserrückhaltung zu achten. Oft wird in den Betrieben immer wieder um- und angebaut, ohne dass die vorbeugenden Brandschutzmaßnahmen beachtet werden. Schwierigkeiten kann das Öffnen von Rolltoren nach brandbedingtem Stromausfall bereiten.

Ebenso besteht die Gefahr, dass im Brandfall schließende Toranlagen vorgehende Trupps abschneiden oder vorgenommene Schläuche abgedrückt werden können. Durch eingeklemmte Gerätschaften kann das bestimmungsgemäße Schließen der Tore außerdem verhindert werden.

Abb. 5.1/2: Gehen Trupps durch (noch) offen stehende Brandschutztore/-türen etc. vor, kann es bei danach erfolgtem bestimmungsgemäßen und manuellen Auslösen dazu kommen, dass die Trupps praktisch (auch von der Wasserversorgung!) abgeschnitten sind. (Foto: Feuerwehr Düsseldorf)

5.2 Altenheime/Krankenhäuser

Für Altenheime und Krankenhäuser gelten besondere Bauvorschriften. Als Sonderbauten verfügen sie in der Regel immer über einen zweiten baulichen Rettungsweg. Die einzelnen Geschosse sind in der Regel brandschutztechnisch noch einmal unterteilt, so dass Bewohner oder Patienten auf einem Stockwerk von dem einen in den anderen Bereich evakuiert werden können (horizontale Rettung). Im Bereich der Sicherheitstreppenräume verfügen die Gebäude meist über Wandhydranten oder Steigleitungen.

Da es sich gerade im Krankenhausbereich oftmals um sehr große Gebäude handelt, sind lange Wege von der Brandmeldeanlage bis zu den ausgelösten Meldern zurückzulegen. Dies erschwert die Erkundung. Hinzu kommt, dass sie meist mehrgeschossig sind und so bei der Erkundung oftmals zahlreiche Treppen überwunden werden müssen. Die massive Bauweise kann zu Kommunikationsproblemen durch fehlende Funkverbindung führen.

Grundsätzliche Beschreibung der Gefahren:

Absturz	Innenhöfe und Lichtschächte Einsatz auf Flachdächern
Angstreaktion	Große Anzahl von Menschen auf engstem Raum, die zudem nicht mobil sind und auf fremde Hilfe angewiesen sind.
Atemgifte	Eingelagertes Bettzeug und Verpackungsmaterial können bei einem Brand unterschiedliche Atemgifte erzeugen (vgl. vfdb RL 10/03 Schadstoffe bei Bränden). Ausgelöste Löschanlagen (z.B. CO_2).
Atomare Strahlung	Je nach Station sind radioaktive Stoffe möglich.
Ausbreitung	Feuer- und Rauchausbreitung vor allem durch bauliche Mängel, wie nicht verschlossene Installationsleitungen, blockierte oder beschädigte Brandschutztüren und Aufzugsschächte, defekte Klima- und Lüftungsanlagen. Flammenüberschlag auf darüber liegende Stockwerke. Kontaminationsverschleppung durch Einsatzkräfte. Ausbreitung von chemischem, biologischem oder radioaktivem Material mit dem Löschwasser in das Kanalsystem.
Biologische Stoffe	Im Bereich der Labore + Läger möglich, z.B. durch Blutkonserven. Gefahr auch bei hochinfektiösen Patienten (MRSA, Viren usw.).
Chemische Stoffe	Desinfektionsmittel (auf den einzelnen Stationen). Krankenhausapotheke. Reinigungsmittel in der Wäscherei.

Einsturz	Herabfallende Fassadenbauteile oder Glasscheiben.
Elektrizität	Komplexe Stromversorgung der einzelnen Stationen mit ihren unterschiedlichen medizinischen Geräten. Automatisch anspringende Notstromversorgung.
Erkrankung/ Verletzung	MRT– durch das starke Magnetfeld können metallische Teile der Feuerwehrausrüstung angezogen werden (unter Umständen die Atemluftflaschen zusammen mit dem Feuerwehrangehörigen). Kontamination, Inkorporation oder äußere Bestrahlung. Austritt von Gefahrstoffen aus beschädigten oder gebrochenen Rohrleitungen. Bei MANV-Lagen (und dazu zählt auch eine (Teil-)Räumung!) ist eine Patientenregistrierung sehr wichtig.
Ertrinken	
Explosion	Rauchgasdurchzündung Druckgasflaschen Sauerstoffleitungen im Gebäude

Für die Feuerwehr sind Brandeinsätze in diesen Gebäuden eine große Herausforderung. Neben einer großen Anzahl von Bewohnern bzw. Patienten sind diese oftmals bettlägerig und auf fremde Hilfe angewiesen. Einzelne Patienten können zudem von medizinischen Geräten (z.B. Beatmungsgerät) abhängig sein. In der Nachtzeit ist das Klinik- und Pflegepersonal oftmals stark reduziert.

Abb. 5.2/1: Zugangstür zur MRT mit ASR-Kennzeichnung (Foto: Weinz, Niederwörresbach)

Gerade Krankenhäuser verfügen über sensible Bereiche wie Intensivstation, Röntgenstation, Quarantänestationen oder Operationssäle. Bei noch unbestätigten Brandmeldungen sollten diese Bereiche nur nach Absprache mit dem Pflege- oder Klinikpersonal betreten werden. Wichtig: Die angebrachten Kennzeichnungen und Piktogramme nach „ASR (Technischen Regeln für Arbeitsstätten)“, nach „GHS (Global Harmonisierten

System)“ und „CLP (Einstufung, Kennzeichnung und Verpackung von Stoffen und Gemischen)“ gelten auch für die Feuerwehr!

5.3 Hochhäuser

Hochhäuser sind Gebäude, bei denen der Fußboden eines Aufenthaltsraumes mehr als 22 m über der Geländeoberfläche liegt, so die Definition nach Baurecht. Es gibt somit Geschosse, die außerhalb der Rettungshöhe der Drehleiter liegen. Sie müssen aus diesem Grund über zwei voneinander unabhängige bauliche Rettungswege verfügen. Bis 60 m Höhe gibt es die Ausnahme, sofern ein innenliegender Sicherheitstreppenraum vorhanden ist, kann auf einen zweiten Treppenraum verzichtet werden. Ab 60 m Bauhöhe sind dann mindestens zwei Sicherheitstreppenräume erforderlich. Von der Nutzung her findet man hier Wohn- und Bürohochhäuser vor. Es gibt auch sehr oft gemischt genutzte Gebäude, in denen man u.a. auch gastronomische Nutzung vorfindet. Wandhydranten oder Steigleitung sind meist vorhanden. Bei nicht vorhandener Gebäudefunkanlage kann es zu Kommunikationsproblemen kommen.

Die Erkundung nach einem BMA-Alarm stellt die Feuerwehr vor große Herausforderungen. Sofern kein Feuerwehraufzug vorhanden ist, müssen zahlreiche Treppen zu Fuß bewältigt werden.

Grundsätzliche Beschreibung der Gefahren:

Absturz	Einsatz auf Balkonen, in Innenhöfen und Lichtschächten. Einsatz auf Flachdächern.
Angstreaktion	Große Anzahl von Menschen auf engstem Raum ohne Ortskenntnis.
Atemgifte	Je nach Gebäudenutzung können unterschiedlichste Atemgifte auftreten.
Atomare Strahlung	Je nach Gebäudenutzung, wie z.B. Röntgenpraxen.
Ausbreitung	Feuer- und Rauchausbreitung vor allem durch bauliche Mängel, wie nicht verschlossene Installationsleitungen, blockierte oder beschädigte Brandschutztüren und Aufzugsschächte, defekte Klima- und Lüftungsanlagen. Flammenüberschlag auf darüber liegende Stockwerke durch zerstörte Fenster. Brandausdehnung durch auf Balkonen gelagerte brennbare Stoffe. Brandausdehnung an der Fassade durch falsch eingebaute Dämmstoffe.

Biologische Stoffe	
Chemische Stoffe	Je nach Nutzung möglich.
Einsturz	Herabfallende Fassadenbauteile oder Glasscheiben. Herabfallen von Zwischendecken.
Elektrizität	Komplexe Stromversorgung mit zahlreichen Unterverteilungen.
Erkrankung/ Verletzung	Körperliche Überlastung der FA durch die langen Angriffswege.
Ertrinken	
Explosion	Rauchgasdurchzündung Druckgasflaschen im Gebäude (z.B. Gasgrills auf dem Balkon).

Im Anfangsstadium dürfte der Schwerpunkt der Feuerwehr bei der Menschenrettung liegen. Eine große Anzahl von Menschen, die gerade bei Gebäuden mit Publikumsverkehr auch keine Ortskenntnisse haben, erschwert die Arbeit der Feuerwehr. Da oftmals eine komplette Evakuierung kaum möglich ist, muss parallel eine schnelle und massive Brandbekämpfung zur Stabilisierung der Lage erfolgen. Bei von unterschiedlichen Firmen genutzten Gebäuden kann es auch zu Problemen mit der Zugänglichkeit durch ausgetauschte Türschlösser kommen.

5.4 Geschäfte und Einkaufspassagen

Größere Geschäfte und Einkaufspassagen finden wir nicht nur auf der grünen Wiese sondern auch verstärkt im Innenstadtbereich oder in Bahnhöfen und Flughäfen vor. Verschärfte bauliche Auflagen tragen dem hohen Risiko durch die oftmals offene Bauweise und den großen Publikumsverkehr Rechnung. Häufig befinden sich unter den Gebäuden Tiefgaragen oder Parkdecks für die Besucher, welche wiederum über Aufzüge und Treppenräume direkt in die Einkaufspassagen führen.

Im Alarmfall sind zur Erkundung lange Wege zurückzulegen. Die vielen unterschiedlichen Ladenbesitzer bzw. -betreiber dürften auch zu einem Zutrittsproblem nach Geschäftsschluss führen.

Grundsätzliche Beschreibung der Gefahren:

Absturz	Offene Innenhöfe und Galerien. Lichtschächte auf Flachdächern.
Angstreaktion	Große Anzahl von Menschen in oftmals unbekanntem Umfeld.
Atemgifte	Je nach Ladennutzung können unterschiedlichste Atemgifte auftreten.
Atomare Strahlung	
Ausbreitung	Feuer- und Rauchausbreitung vor allem durch bauliche Mängel, wie nicht verschlossene Installationsleitungen, blockierte oder beschädigte Brandschutztüren und Aufzugsschächte, defekte Klima- und Lüftungsanlagen. Flammenüberschlag auf darüber liegende Stockwerke durch zerstörte Fenster. Brand- und Rauchausdehnung durch Innenhöfe und Lichtschächte.
Biologische Stoffe	
Chemische Stoffe	Je nach Nutzung möglich bei Apotheken und Drogerien.
Einsturz	Herabfallende Fassadenbauteile oder Glasscheiben. Herabfallen von Zwischendecken. Versagen von Nagelbinderkonstruktionen (Decken einfacher Hallen, wie von Supermarktketten).
Elektrizität	Komplexe Stromversorgung mit zahlreichen Unterverteilungen.
Erkrankung/ Verletzung	Körperliche Überlastung der FA durch die langen Angriffswege.
Ertrinken	
Explosion	Rauchgasdurchzündung Druckgasflaschen im Gebäude (z.B. Gasgrills im Imbissbuden) Lagerung von brennbaren Flüssigkeiten Terroranschlag

Im Einsatzfall dürfte die große Zahl von Menschen, von denen sich viele in unbekannter Umgebung befinden und panikartig das Gebäude verlassen wollen, die Feuerwehr vor große Aufgaben stellen. Je nach geschäftlicher Nutzung können hohe Brandlasten zu starker Rauchentwicklung führen. Schnelle Rauchausbreitung bei offener Bauweise. Die in den Tiefgaragen bzw. Parkdecks abgestellten Fahrzeuge mit den unterschiedlichsten Antriebssystemen stellen ebenfalls eine große Gefahr da.

Abb. 5.4/1: Einkaufspassage mit Tiefgarage (Foto: Wendel)

5.5 Betriebe nach Störfall-Verordnung

Die Störfall-Verordnung (12. BImSchV) dient der Verhinderung von Störfällen und der Begrenzung von Störfallauswirkungen. Welche Betriebe in diese Verordnung fallen, ist mengenabhängig und in einer Stoffliste definiert. Eine Großzahl von Auflagen und Kontrollen in den Betrieben sorgt für relativ hohe Sicherheit. Schadensfälle sind jedoch durch technische Defekte, menschliches Versagen, Naturkatastrophen oder durch terroristische Anschläge nicht auszuschließen. Die Betriebe verfügen normalerweise über umfangreiche Alarm- und Gefahrenabwehrpläne und halten teilweise auch eine eigene Werkfeuerwehr vor.

Für die Feuerwehr können dort unzählige Gefahren in den unterschiedlichsten Bereichen vorliegen. Von Anfang an sollte enger Kontakt mit einem Verantwortlichen des Betriebs gehalten werden. Er kann in der Regel detailliert Auskunft über die möglichen Gefahren geben.

Grundsätzliche Beschreibung der Gefahren:

Absturz	Arbeiten auf Zwischenpodesten oder Dächern, auf bzw. in höheren Anlagen wie Tanks oder Lägern.
Angstreaktion	Je nach Anzahl von Beschäftigen kann es hierzu nach Bränden mit starker Rauchentwicklung oder Explosionen kommen. Vorteil ist, dass sich die meisten Mitarbeiter im Betrieb auskennen und auch über die Flucht- und Rettungswege informiert sind. Ausnahme können hier Fremdfirmen oder Leiharbeiter sein. In der Nachbarschaft zu dem Betrieb je nach Schadensereignis (Explosion, starke Rauchentwicklung, usw.).
Atemgifte	Eingelagerte Rohstoffe, Betriebsstoffe und Verpackungsmaterial können ausgasen oder bei einem Brand unterschiedliche Atemgifte erzeugen (vgl. vfdb RL 10/03 Schadstoffe bei Bränden). Häufig werden brennbare Dämmstoffe im Wand- und Dachbereich eingesetzt. Ausgelöste Löschanlagen (z.B. CO_2).
Atomare Strahlung	Je nach Betrieb sind auch radioaktive Stoffe möglich. Medizinprodukte können derartige Stoffe enthalten, sie werden aber auch z.B. für Schichtdickenmessungen in der Produktion von z.B. Stahlprodukten eingesetzt.
Ausbreitung	Feuer- und Rauchausbreitung vor allem durch bauliche Mängel, wie nicht verschlossene Installationsleitungen oder blockierte oder beschädigte Brandschutztüren. Enge Bebauung des Geländes. Dominoeffekt bei Bränden. Ausbreitung von Betriebsstoffen oder Löschwasser durch das Kanalsystem. Ausbreitung von Gefahrstoffen in das Erdreich oder auf Gewässern.
Biologische Stoffe	Je nach Betrieb möglich.
Chemische Stoffe	Je nach Betrieb möglich.
Einsturz	Bei eingeschossiger Stahlskelettbauweise gibt es oft keine Auflagen an die Feuerwiderstandsdauer. Die Stahlbauteile verlieren innerhalb kürzester Zeit ihre Tragfähigkeit und können einstürzen. Bersten von brennenden Tanks.
Elektrizität	Die Maschinen haben oft einen 400-Volt-Stromanschluss, Hallenanschlüsse können auch mit Mittelspannungsanlagen versehen sein, wenn es entsprechend viele große Verbraucher gibt. Trafos auf dem Gelände mit Hochspannungsleitungen. Blockkraftheizwerke (BHKW) die Wärme und Strom produzieren. Photovoltaikanlagen auf den Hallendächern.

Erkrankung/ Verletzung	Noch laufende und rotierende Maschinenteile. Austritt von Gefahrstoffen oder Dampf aus beschädigten oder gebrochenen Rohrleitungen.
Ertrinken	In vielen Betrieben gibt es z.T. auch offene Anlagen mit flüssigen Produkten, z.T. gibt es auch Löschteiche bzw. Anleger für Schiffe. Gefahr durch Löschwasserrückhaltebecken – gerade beim Schaumeinsatz sind sie oft nicht sichtbar.
Explosion	Rauchgasdurchzündung Versorgungsleitungen, Druckgasflaschen Betriebsstoffe, Rohstoffe oder Fertigprodukte Einsatz falscher Löschmittel (z.B. Wasser bei Metallbränden)

Einsätze in diesen Betrieben sind für die Feuerwehr eine große Herausforderung. Gerade im Außenbereich kann bei Erkundung zur Einhaltung eines Sicherheitsabstandes ein Fernglas eingesetzt werden. In der ersten Einsatzphase kann es vorkommen, dass Einsatzkräfte nicht über eine umfassende ABC-Ausbildung und ABC-Ausrüstung verfügen. Sie können deshalb häufig nicht alle erforderlichen Einsatzmaßnahmen ergreifen. Sie können aber mindestens die folgenden Maßnahmen entsprechend der GAMS-Regel durchführen:

G efahr erkennen

A bsperren

M enschenrettung durchführen

S pezialkräfte alarmieren

Die Feuerwehr muss sich dort, wo sie den Brandschutz für Betriebe nach Störfallverordnung sicherstellen muss, intensiv auf ihre Aufgaben vorbereiten und einen engen Kontakt mit dem Betreiber pflegen.

5.6 Umgang mit Falschalarmen

Falschalarmvermeidung und Brandfrüherkennung sind zwei konkurrierende Anforderungen an eine Brandmeldeanlage. Je früher und sicherer eine Brandquelle erkannt und Alarm ausgelöst wird, umso früher können Gegenmaßnahmen in Form einer Brandbekämpfung eingeleitet werden. Auf der einen Seite wird so eine hohe Ansprechempfindlichkeit der Melder gefordert, auf der anderen Seite sollen sie aber möglichst wenig Fehl- oder Täuschungsalarme verursachen. Im Vorfeld erfordert das eine detaillierte Planung, welche Melder für welchen Bereich eingesetzt werden sollen. Statistisch gesehen ist die Zahl der Falschalarme einer Brandmeldeanlage deutlich höher als die Anzahl der erkannten echten Brände.

Unter einem **Fehlalarm** versteht man einen Alarm durch eine Störung an der Brandmeldeanlage. Ursache hierfür können technische Probleme an der Anlage selbst oder aber auch Staubablagerungen oder Insekten (durch mangelhafte Wartung) sein. Es sind auch Störungen durch elektromagnetische Felder (EMV) bekannt. Die Umstellung auf 2-Melderabhängigkeit bei neuen Anlagen reduziert die Zahl der Fehlalarme deutlich. Hier wird der Alarm auf die BMZ erst aktiviert, wenn mindestens zwei Melder ausgelöst haben. Dabei wird sich zum Nutzen gemacht, dass ein gleichzeitiger Defekt an zwei Meldern eher selten vorkommt. Die regelmäßige Wartung und Überprüfung der Anlage durch Fachfirmen reduziert die Anzahl der Fehlalarme deutlich.

Bei einem **Täuschungsalarm** verhält sich die Brandmeldeanlage grundsätzlich richtig. Der Alarm wird durch andere Störgrößen verursacht. Optische Melder können durch Staubentwicklung oder Schweißen bei Bauarbeiten genauso ausgelöst werden wie durch Zigarettenrauch, Wasserdampf, Haarspray oder Disconebel. Gegen die Täuschungsalarme kann man organisatorische Maßnahmen treffen, indem man die Mitarbeiter aufklärt und schult. Bei Bauarbeiten können auch Melder abgeschaltet oder abgedeckt werden. Solche Maßnahmen dürfen nur in Absprache mit dem für den Brandschutz verantwortlichen Mitarbeiter getroffen werden. Sie sind niemals Aufgabe der Feuerwehr.

Bei einem **Böswilligen Alarm** wird der Handfeuermelder vorsätzlich betätigt. Denkbar ist auch, dass durch kleinere gelegte Brände ein Auslösen der Anlage provoziert wird. Oftmals sind hier die Verursacher nicht festzustellen. Der zugängliche Bereich um den ausgelösten Handfeuermelder ist immer zu kontrollieren. Nur so ist ein Realeinsatz auszuschließen. Wichtig ist, dass anschließend das defekte Glas ersetzt wird. Nur so kann einer erneuten vorsätzlichen Auslösung etwas vorgebeugt werden. Böswillige Alarme sind grundsätzlich nie ganz abzustellen.

Falschalarme können gravierende Folgen haben. Neben der Alarmierung der Feuerwehr führen sie oftmals zur Evakuierung des Gebäudes, zur Abschaltung von Maschinen oder zur Unterbrechung von Produktionsprozessen. Weiterhin können Löschanlagen ausgelöst und Rauch- und Wärmeabzüge geöffnet werden.

■ Verhalten der Feuerwehr bei Falschalarmen

Grundsätzlich ist bei einer Alarmierung durch die zuständige Leitstelle von einem Realeinsatz auszugehen. Auch bei zuverlässig bestätigten Fehlalarmen sollte mindestens immer die erstalarmierte Einheit das Objekt anfahren und den Sachverhalt überprüfen. Die Anlage muss zudem im Feuerwehrbedienfeld zurückgestellt werden, das Betriebsbuch geführt und die Ursache der Auslösung dokumentiert werden. Gerade die letztere Maßnahme ist auch bezüglich eines möglichen Kostenersatzes notwendig.

Wichtig: Sollte sich nach einem Fehlalarm die Brandmeldeanlage nicht zurückstellen lassen, darf die Feuerwehr niemals einzelne Melder oder sogar ganze Melderlinien außer Betrieb nehmen. Diese Außerbetriebnahme oder sogar Abschaltung der gesamten Anlage kann nur durch den Objektbetreiber selbst auf eigenes Risiko erfolgen. Er hat dann hierfür auch Ersatzmaßnahmen zu treffen, z.B. die Beauftragung eines Sicherheitsdienstes zur Überwachung vor Ort bis die Wartungsfirma eingetroffen ist. Solche Maßnahmen sollten immer, am besten unter Zeugen und zusätzlich über Funk, dokumentiert werden *(siehe hierzu Kap. 6.2)*.

Gerade beim Personal von Freiwilligen Feuerwehren führt eine Vielzahl von Falschalarmen in ein und demselben Objekt zu einer gewissen Müdigkeit und Gleichgültigkeit. Ein Teil der Feuerwehrangehörigen kommt je nach Einsatzmeldung erst gar nicht mehr zum Gerätehaus. Das birgt die Gefahr, dass bei einem Realeinsatz in der Anfangsphase viel zu wenig Einsatzpersonal zur Verfügung steht.

Der Objektbetreiber ist hier gefordert, durch regelmäßige Wartung bzw. den Austausch von alten Anlagen und das Treffen von organisatorischen Maßnahmen, wie die Schulung der Mitarbeiter, eine Vorsorge zu treffen. Durch Kostenersatz nach Falschalarmen kann hier auch seitens der Feuerwehr Druck auf den Betreiber ausgeübt werden.

Es sei an dieser Stelle auch auf das Einsatzprotokoll Brandmeldeanlage *(Kap. 7)* verwiesen. Hier lässt sich die Feuerwehr durch einen Angehörigen des Betreibers den Falschalarm „bestätigen“. Hierdurch kann weiterer Redebedarf nach In-Rechnung-stellen der Einsatzkosten abgekürzt werden.

6 Beendigung des Einsatzes

Nach dem Einsatz ist bekanntlich vor dem Einsatz. Daher gibt es auch nach dem Auslösen einer Brandmeldeanlage gewisse Grundsätze, welche man beachten sollte. Die Anlage soll auch künftigen Gefahrensituationen entsprechend reagieren können und somit ihrer Aufgabe gerecht werden. Hierzu zählt beispielsweise auch, dass der Räumungsalarm am Feuerwehrbedienfeld wieder aktiviert wird. Häufig wird dieser durch die Feuerwehr bei Verdacht auf Fehlalarm deaktiviert, um für weitere Entspannung der Situation zu sorgen. Dieser muss jedoch auf gleichem Wege wieder aktiviert werden. Dies erfolgt nicht automatisch mit der Rückstellung der Anlage. Nachfolgend werden die notwendigen Schritte nach Einsatzende beschrieben.

6.1 Rückstellen der Anlagen

Nach Einsatzende bzw. nach festgestelltem Fehlalarm muss die Brandmeldeanlage wieder in ihren ursprünglichen Zustand versetzt werden, also in Alarmbereitschaft. Dies setzt voraus, dass kein Grund mehr für eine Alarmierung vorliegt, da ansonsten die Anlage (richtigerweise) erneut einen Einsatz über den Alarmierungsweg melden würde. Hier kann zum Beispiel auch bei vermeintlich kleinen Einsätzen wie „Essen auf Herd“ oder „Rauchen auf dem Zimmer“ eine Belüftung der betroffenen Bereiche erforderlich werden. Ausgelöste Handdruckmelder sind ebenfalls vor Ort zurückzustellen, da ansonsten erneut die BMA anschlagen würde. Sind alle notwendigen Maßnahmen getroffen und ist kein ersichtlicher Grund mehr für ein Auslösen der Anlage vorhanden, kann der Einsatzleiter die Rückstellung über das Feuerwehrbedienfeld an der Anlage durchführen bzw. veranlassen. Löst die Anlage nicht erneut aus und es leuchtet nur die grüne Leuchtdiode „Bedienfeld in Betrieb“, befindet sich die Anlage im Ruhezustand. Dies bedeutet: Anlage funktioniert und hat aktuell keinen Grund einen Alarm zu melden. Die Feuerwehr kann ihren Einsatz beenden. Hierzu kann man sich auch über Funk nochmals bei der Leitstelle rückversichern, dass dort kein Alarm mehr vorliegt. Die Laufkarten sollten vollständig an dem dafür vorgesehenen Platz abgelegt werden. Es kam hier bereits vor, dass Laufkarten bei Rückkehr ins Feuerwehrgerätehaus bei den Einsatzunterlagen aufgetaucht sind. Hier könnten bei einem Folgeeinsatz notwendige Informationen fehlen, in jedem Fall käme es zu zeitlichen Verzögerungen bei der Erkundung. Ist der Schlüssel wieder im Feuerwehrschlüsseldepot eingeschlossen und hat sich dieses entsprechend verriegelt, ist die Rückstellung der Anlage vollständig abgeschlossen.

6.2 Außerbetriebnahme der Anlagen, Sicherung des Objektes bzw. der Anlage und Übergabe an Betreiber

Lässt sich eine Anlage nicht mehr zurückstellen, bzw. liegt ein Defekt vor, der eine korrekte Arbeitsweise der Anlage unmöglich macht, ist unverzüglich der Betreiber entsprechend zu informieren. Die Feuerwehr soll in keinem Fall selbstständig die Anlage oder einzelne Meldelinien außer Betrieb nehmen. Dies hätte zur Folge, dass im Schadensfall die Feuerwehr zur Haftung herangezogen werden könnte, da die Anlage eine entsprechende Brandmeldung nicht erkennen und melden würde. Je nach Einschätzung der Situation verbleibt die Feuerwehr bis zum Eintreffen des Betreibers am Objekt. Der Einsatzleiter übergibt die Anlage entsprechend an den Betreiber und dokumentiert diese Schritte innerhalb der Einsatzdokumentation. Auch wenn der Betreiber selbst oder ein von ihm Beauftragter Meldergruppen abschaltet, sollte dies durch die Feuerwehr entsprechend dokumentiert werden. Die Feuerwehr übernimmt die Abschaltung als Beauftragter allerdings nicht. Der Betreiber ist für den ordnungsgemäßen Zustand der Anlage verantwortlich und hat entsprechende Gegenmaßnahmen einzuleiten, damit die Anlage wieder entsprechend funktioniert. In der Regel erfolgt dies durch die Beauftragung eines Wartungsdienstes oder einer Fachfirma. Das Abschalten einer Meldelinie, einzelner Melder oder gar der gesamten Anlage kann immer nur eine Übergangslösung sein. Vor allem muss eine entsprechende Risikobewertung erfolgen, inwiefern solche Vorgänge zu verantworten sind. Dies kann aus vorgenannten Gründen nicht Aufgabe der Feuerwehr, sondern nur die des Betreibers sein.

6.3 Einsatzprotokoll – Kostenersatz

Der Einsatz einer Feuerwehr nach Auslösen einer Brandmeldeanlage ist wie jeder andere Einsatz auch entsprechend zu dokumentieren und ein Einsatzprotokoll ist anzufertigen. Gerade dann, wenn es ein Realeinsatz ist, ist die ursprüngliche Alarmierung durch Auslösen einer BMA nur das erste Glied einer langen Kette gewesen. Handelt es sich um einen „Bagatelleinsatz“ oder Fehlalarm ist eine lückenlose Dokumentation ebenfalls nicht unerheblich. Gerade dann, wenn es sich um Fehlalarme ohne erkennbaren Grund handelt, können so bei wiederholtem Auftreten eventuelle Muster erkannt werden, welche Rückschlüsse auf eine Schwachstelle in der Anlage möglich machen. Auch bei böswilligen Alarmen können hierzu notwendige Informationen gesammelt werden, um später die Einsatzkosten geltend machen zu können.

Für den Einsatz bei Brandmeldeanlagen haben viele Kommunen einen festen Kostensatz in ihrer Hauptsatzung festgesetzt, welcher bei jedem Einsatz der BMA gleichermaßen abgerechnet wird. Hiervon sollte auch konsequent Gebrauch gemacht werden, vor allem dann, wenn es häufig zu Fehlalarmen im gleichen Objekt kommt. Somit kann der Betreiber den notwendigen Druck erhalten, für ein ordnungsgemäßes Funktionieren der Anlage zu sorgen. Falls vorhanden sollte sich die Feuerwehr ein Einsatzprotokoll *(siehe Kap. 7)* durch eine Person vor Ort, bzw. den Betreiber, gegenzeichnen lassen und einen Durchschlag dem Betreiber überlassen. Den Autoren ist bewusst, dass dies nicht für alle Feuerwehren gleichermaßen umsetzbar ist. Einige Feuerwehren haben hiermit bereits gute Erfahrungen gesammelt.

6.4 Betriebsbuch

Das Betriebsbuch für Brandmeldeanlagen (BMA) dient dazu, sowohl den Zustand einer Anlage als auch alle Ereignisse über den gesamten Zeitraum ihres Betriebes hinweg zu dokumentieren. Eine Forderung zur Vorhaltung eines Betriebsbuches ist in der DIN 14675 (Brandmeldeanlagen) vorgeschrieben. Während der Errichter die Stammdaten einträgt, obliegt es dem Betreiber bzw. dem Wartungsdienst sowohl alle Ereignisse, die während des Betriebes auftreten, als auch alle Maßnahmen einzutragen, die der Sicherung der Betriebsbereitschaft dienen. Alle Einsätze der Feuerwehr sind daher ebenfalls im Betriebsbuch der Anlage entsprechend zu dokumentieren, damit auch hieraus spätere Rückschlüsse gezogen werden können. Vor allem wenn es vermehrt zu unerklärlichen Fehlalarmen kommt, kann das Betriebsbuch für den Wartungsdienst vergleichbar dem Einsatzprotokoll für den Betreiber eine wichtige Hilfe bei der Feststellung technischer Probleme sein. Das Betriebsbuch ist in unmittelbarer Nähe der Brandmeldezentrale aufzubewahren.

Stand Alarmzähler	Ereignis*	Meldergruppe Nr.	Melder Nr.	Ursache / Grund	Name
52	B	14	3	Alarm wurde durch Essen auf Herd ausgelöst	T. Mayer

ı (St) Abschaltung (A) Wiedereinschaltung (W)

Abb. 6.4/1: Betriebsbuch (Grafik: Heidrich)

7 Hilfsmittel

7.1 Einsatzmappe Brandmeldeanlagen

In der Praxis hat sich eine sogenannte „Einsatzmappe BMA“ insbesondere bei Wehren mit wenigen BMA-Alarmen bewährt. Hier hat der Gruppenführer alle notwendigen Informationen zur Hand, welche er zur Abarbeitung eines BMA-Einsatzes benötigt.

Nachfolgend werden die möglichen Bestandteile einer solchen Mappe beschrieben. Diese Aufzählung ist nicht abschließend und kann durch eigene Unterlagen entsprechend ergänzt werden.

■ Schreibzeug, „Post It“ und Objektschlüssel

In der Praxis haben sich neben dem obligatorischen Kugelschreiber sogenannte „Post It“-Aufkleber bewährt. Diese sind dazu geeignet, die Melderlinie und Meldernummer nach Auslesen der Anlage aufzuschreiben und auf die Laufkarte zu kleben. So hat die Führungskraft immer den aufzusuchenden Melder auf dem Zettel notiert bei sich und muss diesen nicht erneut erfragen, falls er diesen im Verlaufe des Einsatzes vergessen hat.

Ebenso sollte der Objektschlüssel (ggf. erst nach Entnahme aus dem Tresor) Bestandteil dieser Mappe sein.

Abb. 7.1/1: Einsatzmappe BMA (Foto: Heidrich)

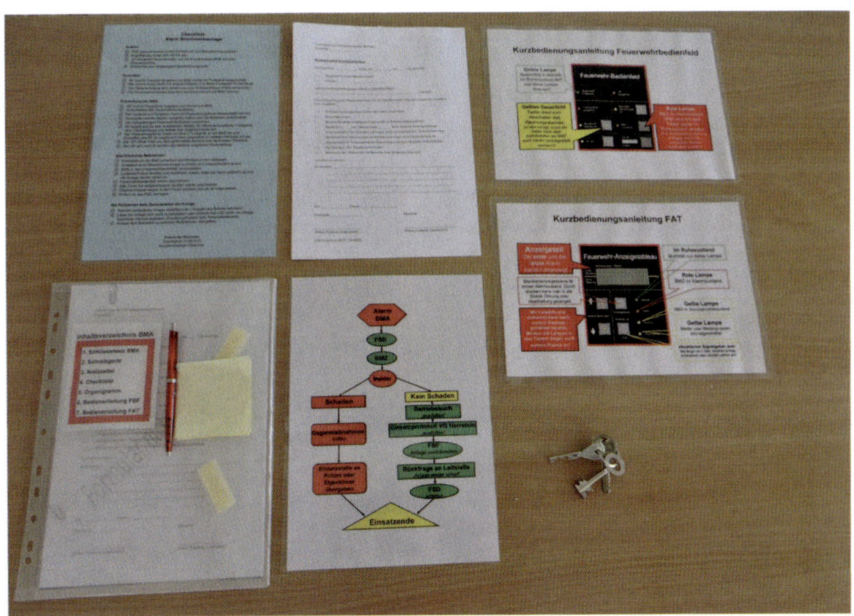

Abb. 7.1/2: Bestandteile der Einsatzmappe BMA (Foto: Heidrich)

Abb. 7.1/3: Post-It auf der Laufkarte (Foto: Dunkel, Herborn)

7.2 Bedienungsanleitung Feuerwehr-Bedienfeld

Das Feuerwehr-Bedienfeld (FBF) erlaubt eine schnelle und einfache Rückstellung einer Brandmeldeanlage. Die große Anzahl verschiedener Brandmeldeanlagen und deren unterschiedliche Bedienung ist für den Einsatzleiter in der Regel nicht zu beherrschen. Daher wird die Feuerwehr meist nur am Feuerwehr-Bedienfeld tätig.

Es kann nur die gesamte Brandmeldeanlage vom Hauptmelder getrennt werden. Tritt ein Fehler innerhalb einer einzelnen Schleife auf, so muss der Wartungsdienst verständigt werden.

Nachfolgende Bedienungsanleitung erläutert die einzelnen Positionen auf dem Feuerwehr-Bedienfeld.

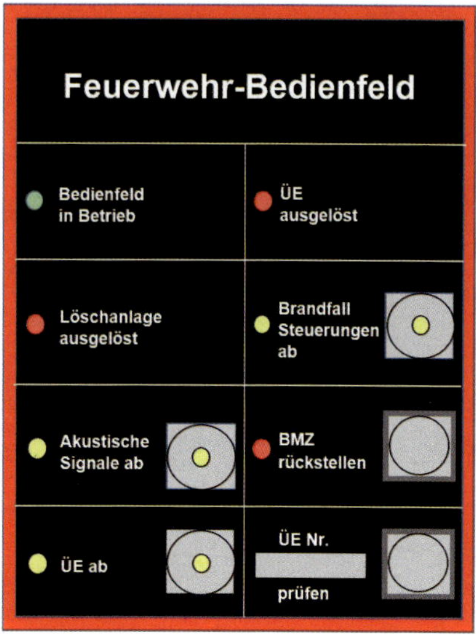

Abb. 7.2/1: Feuerwehr-Bedienfeld (Grafik: Heidrich)

■ Bedienfeld in Betrieb (grüne LED)

Die grüne LED leuchtet, wenn das FBF betriebsbereit ist (Ruhezustand).

■ ÜE ausgelöst (rote LED)

Die rote LED zeigt an, dass die Übertragungseinrichtung (ÜE) die Verbindung zwischen überwachtem Betrieb und Feuerwehrleitstelle ausgelöst hat oder manuell ausgelöst wurde. Die Anlage befindet sich somit im Alarmzustand.

■ Löschanlage ausgelöst (rote LED)

Ist eine Löschanlage (Sprinkleranlage, Gaslöschanlage) angeschaltet, so zeigt das Leuchten der LED ein Auslösen der Löschanlage an. Die LED leuchtet solange, bis die Alarmrückstellung an der Löschanlage vorgenommen wurde.

■ **Brandfallsteuerungen ab (gelbe LED)**

Für eine Probeauslösung können Steuerungen wie das Auslösen von Feuerschutztüren/-toren oder automatische Abschaltung von Lüftungsanlagen von der Ansteuerung abgeschaltet werden.

Die gelbe LED leuchtet, wenn die Abschaltung der Ansteuereinrichtung vorgenommen wurde. Hierfür reicht die Abschaltung einer Brandfallsteuerung.

Die gelbe LED im Taster leuchtet, wenn die Abschaltung vom FBF selbst und nicht von der Brandmeldezentrale aus vorgenommen wurde.

■ **Akustische Signale ab (gelbe LED)**

Die gelbe LED leuchtet, wenn die akustische Alarmierungseinrichtung (z.B. zur Warnung von Personen) des Objektes abgeschaltet ist.

Die gelbe LED im Taster leuchtet, wenn die Abschaltung vom FBF selbst und nicht von der Brandmeldezentrale aus vorgenommen wurde.

Es ist nach Einsatzabschluss darauf zu achten, dass im Falle einer vorherigen Abschaltung die akustischen Signale wieder eingeschaltet werden. Die LED darf also nach Einsatzende nicht mehr leuchten!

■ **BMZ zurückstellen (rote LED)**

Die rote LED leuchtet, wenn sich die BMZ im Alarmzustand befindet oder befand.

Bei neueren FBF (ca. ab 1999) darf die LED für 15 Minuten nicht vom Betreiber aus quittierbar sein.

Beim Rückstellen über den Taster erlischt die rote LED sofort, d.h. vor Ablauf der 15 Minuten.

Die Anlage wird durch Drücken des Tasters wieder „scharf" geschaltet.

■ **ÜE ab (gelbe LED)**

Mit dem Rastschalter lässt sich die Ansteuerung der ÜE durch die BMZ unterbrechen.

Hierbei wird ein auflaufender Alarm nicht an die hilfeleistende Stelle weitergeleitet, sodass auch keine Alarmierung der Rettungskräfte erfolgt.

Im Abschaltzustand leuchtet die gelbe LED.

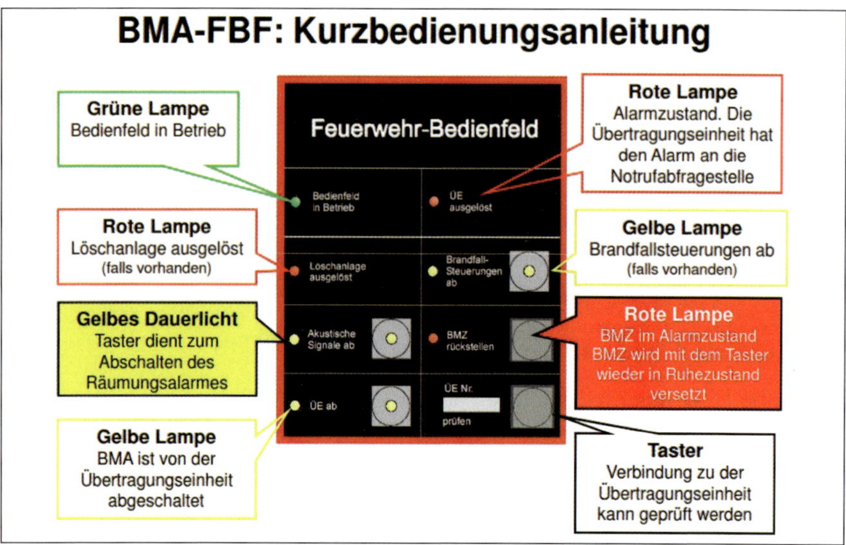

Abb. 7.2/2: Bedienungsanleitung Feuerwehr-Bedienfeld (Grafik: Wendel)

Die gelbe LED im Taster leuchtet, wenn die Abschaltung vom FBF selbst und nicht von der Brandmeldezentrale aus vorgenommen wurde.

- **ÜE Nr. ____ prüfen**

Mit dem Taster wird die Übertragungseinheit ausgelöst, ohne dass die BMA in den Alarmzustand übergeht. Es kann somit der Übertragungsweg zur Leitstelle überprüft werden, ohne dass hierbei die Anlage in den Alarmzustand versetzt wird.

Die ausgelöste ÜE wird durch das Leuchten der roten LED im Feld – ÜE ausgelöst – angezeigt.

7.3 Bedienungsanleitung Feuerwehr-Anzeigetableau (FAT)

Das FAT liefert den Einsatzkräften unabhängig vom Typ der Brandmeldeanlage eine einheitliche Anzeige zum Betriebszustand der BMA.

■ Meldungsdisplay

Primär wird die erste eingelaufene Alarmmeldung angezeigt.

Zuerst erscheint die Meldergruppe, durch einen Schrägstrich getrennt der Einzelmelder.

Optional kann die Ziffernfolge durch einen Klartext ergänzt werden. Laufen weitere Alarmmeldungen ein, so wird die letzte aufgelaufene Meldung in der unteren Hälfte des Displays angezeigt.

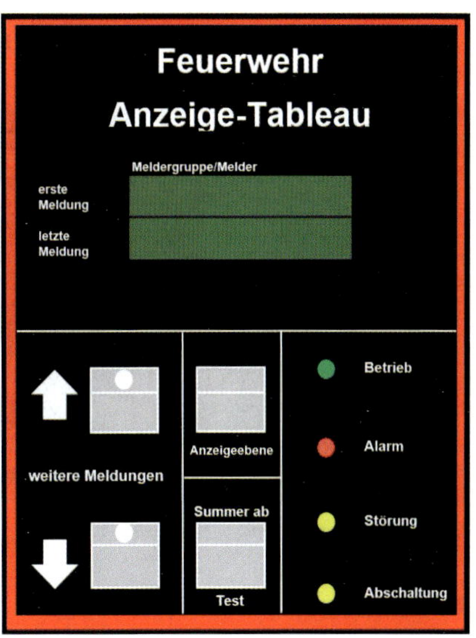

Abb. 7.3/1: Feuerwehr-Anzeigetableau (Grafik: Heidrich)

■ Pfeiltasten

Stehen mehr als zwei Meldungen an, so wird mit diesen Tasten ab/auf geblättert, wobei die letzte Meldung in der unteren Hälfte im Display stehen bleibt.

Um auf weitere vorhandene Meldungen hinzuweisen wird der entsprechende Taster beleuchtet.

■ Anzeigeebene

Hiermit kann die Anzeigeebene des Displays gewechselt werden. Primäre Anzeigeebene ist immer der Alarmzustand. Durch Drücken der Taste wird fortlaufend auf die Anzeigeebenen Störung und Abschaltung umgeschaltet.

■ Summer ab/Test

Jedes FAT ist mit einem Summer ausgestattet, welcher auf neu eingegangene Alarmmeldungen aufmerksam macht.

Durch kurzes Drücken der Taste wird der Summer des FAT abgestellt.

Bei neueren Anlagen: Durch Drücken der Taste für mehr als fünf Sekunden wird das Display, alle Leuchtdioden, Leuchttaster sowie der Summer angesteuert.

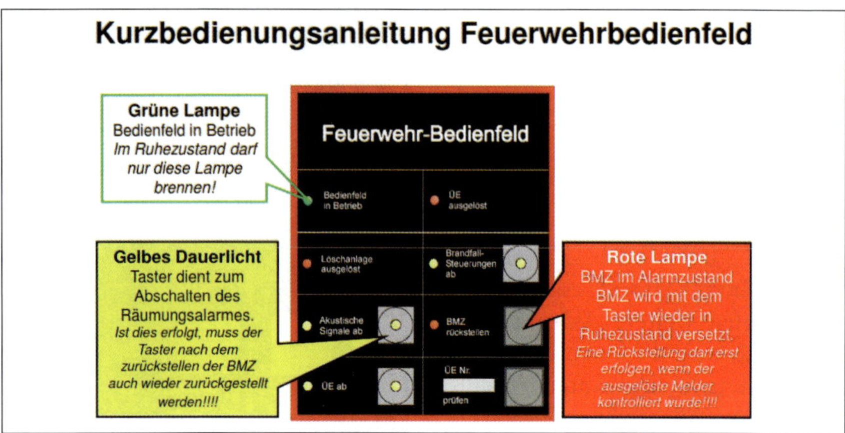

Abb. 7.3/2: Bedienungsanleitung Feuerwehr-Anzeigetableau (Grafik: Wendel)

■ Betrieb (grüne LED)

Mit grünem Dauerlicht wird der betriebsbereite Ruhezustand des FAT angezeigt.

■ Alarm (rote LED)

Mit rotem Dauerlicht und Ertönen des Summers des FATs wird der Alarmzustand angezeigt.

Durch Blinken der LED wird auf weitere eingegangene Meldungen hingewiesen.

■ Störung (gelbe LED)

Störungen werden nicht sofort im Display angezeigt. Durch eine gelb blinkende LED wird auf eine vorhandene Störmeldung auf der Störungsmeldungsebene hingewiesen.

■ Abschaltung (gelbe LED)

Gelbes Blinklicht weist auf die Abschaltung einzelner Linien hin.

Sie können durch Umschaltung auf die Abschaltungsebene sichtbar gemacht werden.

7.4 Checkliste Brandmeldeanlage

Mit dieser Checkliste ist ein mögliches, standardisiertes Vorgehen beim Alarm Brandmeldeanlage beschrieben. Dies beginnt mit der Anfahrt und endet mit möglichen Problemen beim Zurückstellen der Anlage. Hierdurch soll es dem Gruppenführer erleichtert werden, die Struktur eines Einsatzes zu erhalten und einen koordinierten Ablauf zu ermöglichen.

Checkliste BMA

Anfahrt	
☑	FEZ versucht telefonischen Kontakt mit dem Betreiber herzustellen.
☑	Angriffstrupp rüstet sich mit PA aus.
☑	GF nimmt Feuerwehrplan, Einsatzmappe BMA etc. und stellt sich auf den Einsatz ein.
☑	Anfahrt bis zum festgelegten Bereitstellungsraum.
Eintreffen	
☑ ☑	GF und W-Truppführer gehen zur BMZ (beide mit Funkgerät ausgerüstet). Ma und A-Trupp bleiben mit eingeschaltetem 2-m-Band Funkgerät im Fahrzeug!
☑	Der Objektschlüssel wird **immer** aus dem Schlüsseltresor (FSD) entnommen.
☑	Die Feuerwehrschlüssel ebenfalls abziehen und mit zur BMZ nehmen.
Auswertung der BMA	
☑ ☑	GF und W-Truppführer begeben sich immer zur BMZ. Aufschließen des Feuerwehrbedienfeldes.
☑	Bei Verdacht auf Fehlalarm kann die Evakuierungshupe abgeschaltet werden.
☑	Auswerten, welche Melder ausgelöst haben, und die Nummern aufschreiben.
☑	Die dazugehörigen Feuerwehrlaufkarten auswählen.
☑	GF begibt sich zu dem ausgelösten Melder. Er nimmt die Laufkarte, Funkgerät, eine Taschenlampe und **immer** den Objektschlüssel mit.
☑	Der Wassertruppführer bleibt mit einem Funkgerät an der BMZ bis zum Eintreffen des ZF. Er begibt sich dann umgehend zu seinem Fahrzeug zurück.
☑	Der GF öffnet Türen zu dem gefährdeten Bereich erst nach einem Türcheck.
☑	Der GF gibt nach Erreichen des Melders umgehend Rückmeldung.

Abschließende Maßnahmen	
☑	Betriebsbuch der BMA schreiben und Meldernummer eintragen.
☑	BMA in dem Feuerwehrbedienfeld zurückstellen.
☑	Leitstelle anrufen und bestätigen lassen, dass der Alarm gelöscht ist und die Anlage wieder scharf ist.
☑	Feuerwehrbedienfeld wieder abschließen.
☑	Alle Türen, die aufgeschlossen wurden, wieder abschließen.
☑	Objektschlüssel wieder in den Tresor stecken und um 90 Grad drehen.
☑	Prüfen ob das FSD verriegelt.
☑	Einsatzprotokoll Brandmeldeanlage ausfüllen und vom Betreiber gegenzeichnen lassen.
Bei Problemen beim Zurückstellen der Anlage	
☑	Niemals selbständig Anlage abstellen oder Gruppen außer Betrieb nehmen!
☑	Lässt die Anlage sich nicht zurückstellen oder schließt das FSD nicht, die Anlage nochmals manuell auslösen (Druckknopfmelder oder Freischaltelement).
☑	Anlage dem Betreiber zu weiteren Maßnahmen übergeben.

7.5 Ablaufschema BMA-Einsatz

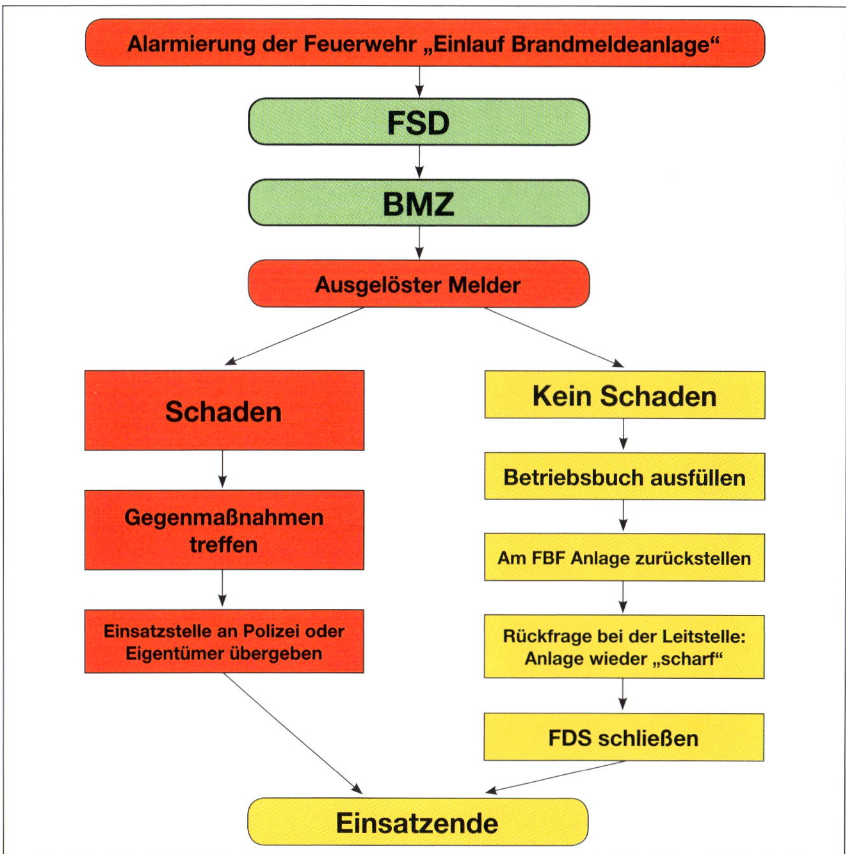

Abb. 7.5/1: Ablaufschema BMA-Einsatz (Grafik: Heidrich)

7.6 Einsatzprotokoll Brandmeldeanlage

Neben dem Betriebsbuch sollte die Feuerwehr den Einsatz bei einer Brandmeldeanlage auch intern entsprechend dokumentieren. Insbesondere dann, wenn „Fehlalarme“ oder böswillige Alarme häufiger vorkommen, dienen diese Feststellungen zur Vervollständigung der Unterlagen zur Kostenanforderung.

Nachfolgendes Beispiel aus der Verbandsgemeinde Herrstein zeigt ein solches Formblatt. Die verantwortliche Führungskraft lässt sich dieses Protokoll durch eine Person vor Ort (Person des Betreibers) gegenzeichnen.

Feuerwehr ....

Einsatzprotokoll Brandmeldeanlage

Die Feuerwehr .... wurde am .... um .... Uhr durch die

( ) Leitstelle ....

( ) sonstige: ....

nach einem Brandmeldeanlagen-Alarm zu folgendem Objekt:

.... alarmiert!

Nach Überprüfung der Brandmeldeanlage und des Objektes wurde folgendes festgestellt, veranlasst bzw. ausgeführt*:

( ) Fehlalarm durch organisatorischen oder technischen Fehler

( ) Böswilliger Alarm

( ) Brandmeldeanlage zurückgestellt und wieder in Betriebsstellung gebracht

( ) Melderlinie .... bzw. Meldergruppe .... durch Betreiber herausgenommen

( ) Verantwortlichen des Betreibers auf Folgen durch Abschaltung bzw. Herausnahme einer Melderlinie bzw. Meldergruppe für den Betreiber hingewiesen (Sicherstellung der Alarmierung bzw. Ersatzmaßnahmen Brandschutz sind durch Betreiber sicherzustellen)

( ) FEZ über Tätigkeiten informiert

( ) Leiter der Feuerwehr über Tätigkeiten informiert

*) zutreffendes bitte ankreuzen

Kurzbericht: ....

....

....

....

Ort: .... Datum: ....

Feuerwehr .... Betreiber: ....

....

(Name, Funktion, Unterschrift) (Name, Funktion, Unterschrift)

7.7 Muster-Feuerwehreinsatzplan Seniorenwohnheim

Ein Feuerwehreinsatzplan gibt dem Gruppenführer bereits auf der Anfahrt die Möglichkeit, sich mit den Begebenheiten vor Ort zu befassen und sich die Objektkenntnis nochmal in Erinnerung zu rufen. Wichtig hierbei ist, dass er nicht von einer Flut von Informationen erschlagen wird, sondern kurz und bündig über die wichtigsten Punkte zum Objekt, die Löschwasserversorgung, vordefinierte Bereitstellungsräume, besondere Gefahren etc. informiert wird. Ergänzt werden kann ein solcher Plan durch Bilder vom Objekt und die Feuerwehrpläne des Betreibers. Nachfolgend ist ein solcher Feuerwehreinsatzplan am Beispiel eines Seniorenwohnheims dargestellt.

Feuerwehreinsatzplan Seniorenwohnheim	
Objekt:	Seniorenwohnheim
Anschrift:	
Ausrückestärke:	FF Herrstein Gruppe 1 und 2
Anfahrt:	Durch die Brühlstraße über die Zufahrt an der Turnhalle
Zugänglichkeit:	Mehrere Eingänge
Fw-Schlüsselkasten:	Haupteingang
Brandmeldezentrale:	Haupteingang im Foyer links im Schrank
Gefahrenhinweise:	Seniorenwohnheim mit ca. 150 Bewohnern
Löschhinweise:	Oberflurhydranten auf dem Gelände Zisterne mit 52000 Liter Inhalt rechts an der Haupteinfahrt mit Sauganschluss
Sonstige Informationen:	
Zu alarmierende und zu benachrichtigende Personen durch die FEZ	Leiterin Frau Mustermann, Tel. Hausmeister Herr Mustermann, Tel.

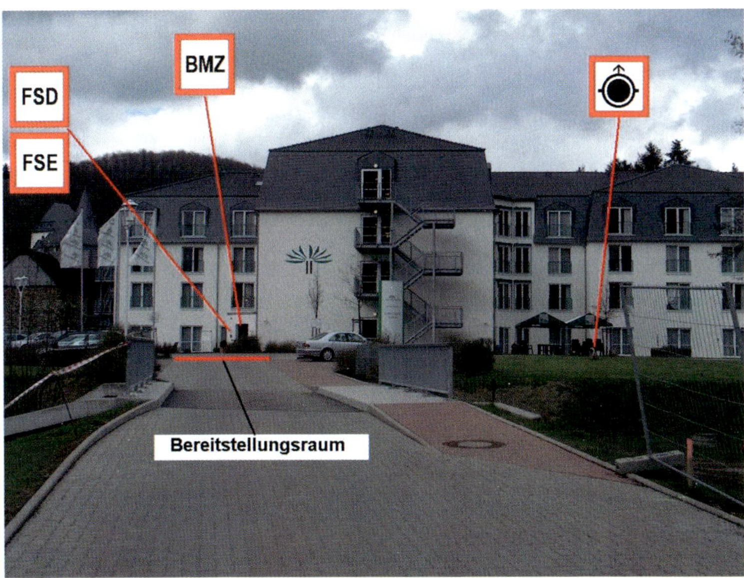

Abb. 7.7/1: Anfahrt von der Turnhalle aus (Foto: Wendel)

Abb. 7.7/2: Haupteingang Seniorenwohnheim (Foto: Wendel)

7.8 Feuerwehrplan

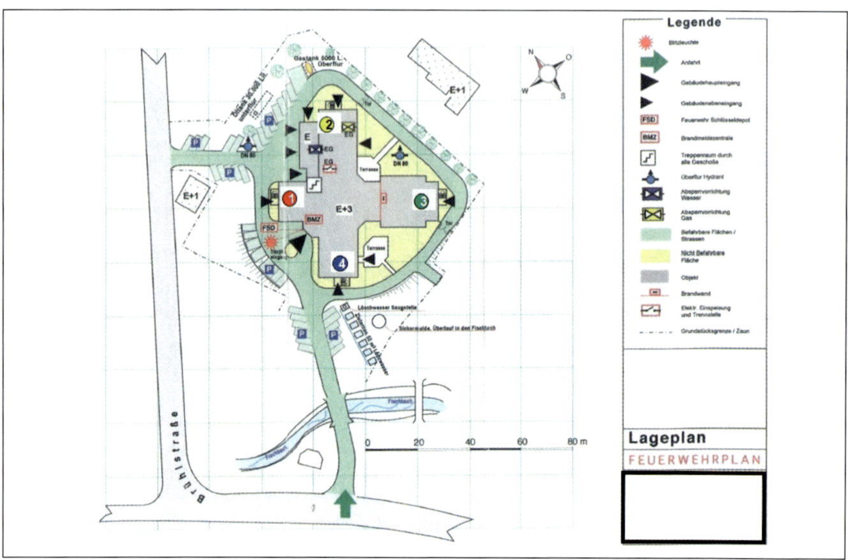

Abb. 7.8/1: Feuerwehrplan Lageplan (Grafik: Wendel)

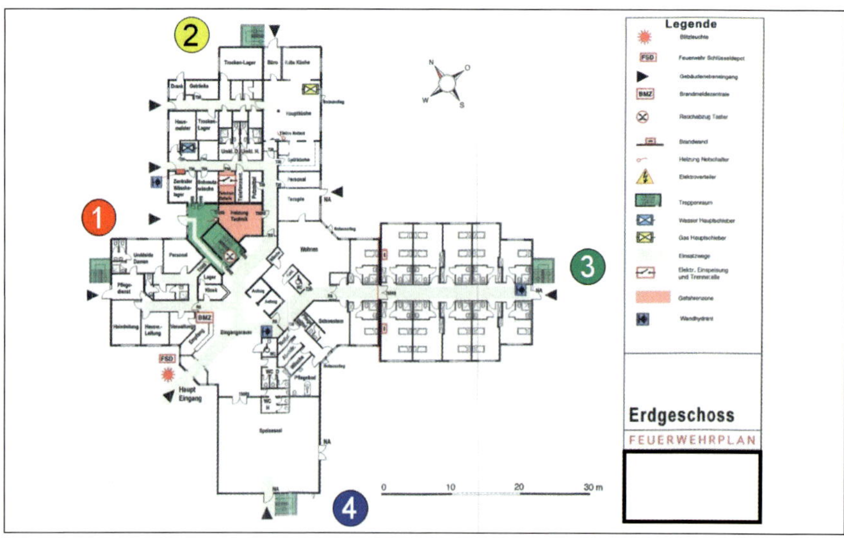

Abb. 7.8/2: Feuerwehrplan Erdgeschoss (Grafik: Wendel)

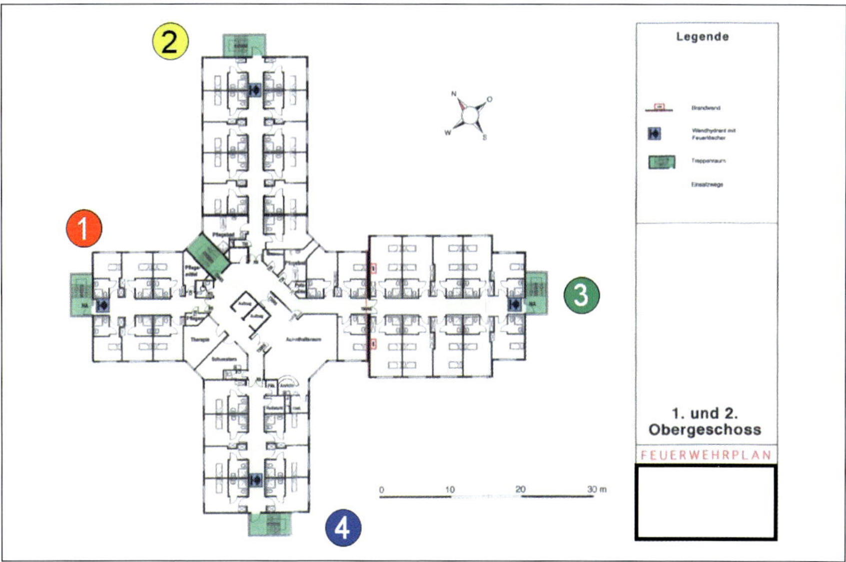

Abb. 7.8/3: Feuerwehrplan 1. und 2. Obergeschoss (Grafik: Wendel)

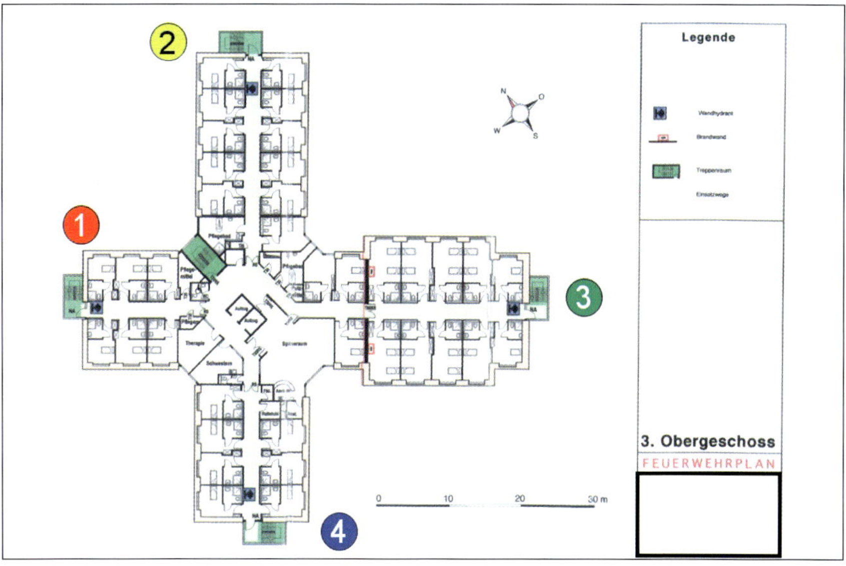

Abb. 7.8/4: 3. Obergeschoss (Grafik: Wendel)

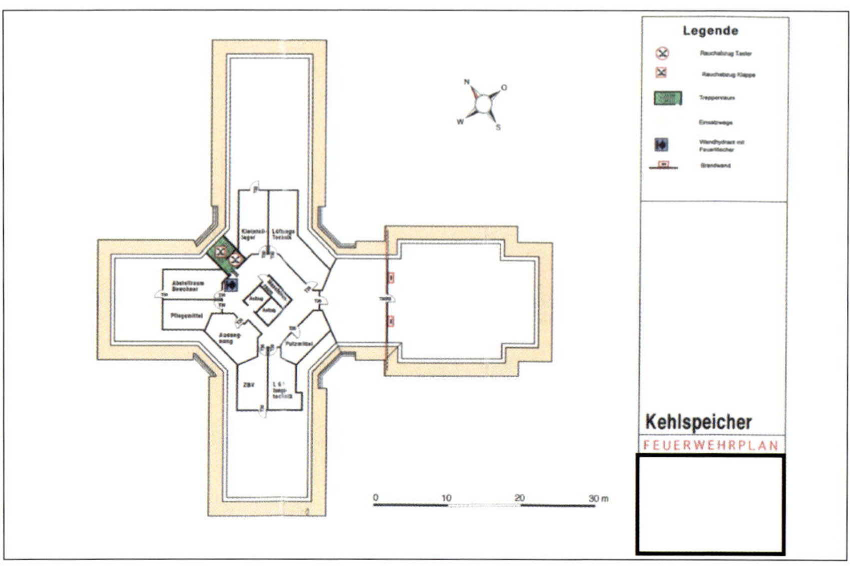

Abb. 7.8/5: Kehlspeicher (Grafik: Wendel)

Abkürzungen

Nachfolgend werden die wesentlichen Begriffe und Abkürzungen kurz erläutert.

AAO	Alarm- und Ausrückeordnung
ASR	Technische Regel für Arbeitsstätten
BMA	Brandmeldeanlage
BMZ	Brandmeldezentrale
CLP	Einstufung, Kennzeichnung und Verpackung von Stoffen und Gemischen nach Verordnung (EG) Nr. 1272/2008 („CLP-Verordnung")
DLK	Drehleiter mit Korb
ELW	Einsatzleitwagen
FAT	Feuerwehr-Anzeige-Tableau
FBF	Feuerwehr-Bedienfeld
FEZ	Feuerwehreinsatzzentrale
FGB	Feuerwehr-Gebäudefunk Bedienfeld
FSD	Feuerwehrschlüsseldepot
FSE	Freischaltelement
FSK	Feuerwehrschlüsselkasten
FWA	Feuerwehraufzug
FwDV	Feuerwehrdienstvorschrift
GHS	Global harmonisiertes System zur Einstufung und Kennzeichnung von Chemikalien
HLF	Hilfeleistungslöschgruppenfahrzeug
LF	Löschgruppenfahrzeug
MLF	Mittleres Löschfahrzeug
RDA	Rauchschutz-Druckanlage
RWA	Rauch- und Wärmeabzugsanlage
SER	Standard-Einsatz-Regel

SPZ	Sprinklerzentrale
SOP	Standard-Operations-Procedures
StLF	Staffellöschfahrzeug
TLF	Tanklöschfahrzeug
TSF	Tragkraftspritzenfahrzeug
WH	Wandhydrant

Literatur

Branddirektion Frankfurt Am Main: Standard-Einsatz-Regeln Auslösung einer Brandmeldeanlage, 2008

Cimolino, U.: Erweiterte Gefahrenmatrix zu Gefahren der Einsatzstelle ab 2003 in Vorträgen und Veröffentlichungen, 2003

Cimolino, U. (Hrsg.): Atemschutz, 5. Auflage, ecomed Verlag, Landsberg, 1999–2011

Cimolino, U. (Hrsg.): Einsatzleiterhandbuch, ecomed Verlag, Landsberg, Stand: 2016

Cimolino, U. (Hrsg.): Kommunikation im Einsatz, 2. Auflage, ecomed Verlag, Landsberg, 2000–2008

Cimolino, U.: SER Der Zug im Einsatz von Lösch- und Rettungsgeräten, ecomed Verlag, Landsberg, 2005

Cimolino, U.: SER Einsatz von Löschgeräten, ecomed Verlag, Landsberg, 2005

De Vries, H.: Brandbekämpfung mit Wasser und Schaum, 3. Auflage, ecomed Verlag, Landsberg, 2000–2008

Emrich, Ch., Cimolino, U., Svensson, S.: Taktische Ventilation, Be- und Entlüftungssystem im Einsatz, Reihe Einsatzpraxis, ecomed Verlag, Landsberg, 2012

Freiwillige Feuerwehr Villingen-Schwenningen: Standard-Einsatz-Regeln, 2006

Gerber, G.: „Brandmeldeanlagen, Planen, Errichten, Betreiben" Hüthig + Pflaum Verlag, 2009

Gierke, W.: Vollzugshilfe zur Störfall-Verordnung, www.bmu.de, 2004

Kaufmann, F. von: „Brände in Hochhäusern" in „Das Feuerwehr Lehrbuch" Kohlhammer Verlag, 2012

Kaufmann, F. von: „Brände in Krankenhäusern" in „Das Feuerwehr Lehrbuch" Kohlhammer Verlag, 2012

Kemper, H.: Einsatzplanung und Vorbereitung, Reihe Fachwissen Feuerwehr, ecomed-Verlag, 2005

Kurzweil, A.: Fehlalarme und Täuschungsalarme, www.ist.at, 2012

Linde, Ch.: Einsatz bei Brandmeldeanlagen, Reihe Fachwissen Feuerwehr, ecomed Verlag, Landsberg, 2013

Melioumis, M.: Hinweise zum Vorgehen bei Auslösen von Brandmeldeanlagen, LFS Baden-Württemberg, 2015

Ridder, A.: Brandbekämpfung im Innenangriff, Reihe Einsatzpraxis, ecomed Verlag, Landsberg, 2013

SÜDMERSEN, J.: SER Brandbekämpfung im Innenangriff, ecomed Verlag, Landsberg, 2014

THORNS, J.: „Brandmeldeanlagen, Löschanlagen und Löschwasseranlagen" in „Das Feuerwehr Lehrbuch", Kohlhammer Verlag, 2012

THORNS, J.: Einsatz „Brandmeldeanlage", Kohlhammer, Stuttgart, 2010

Vfdb-Richtlinie: „Risikoangepasste Reaktion der öffentlichen Feuerwehren auf automatische Meldungen aus Brandmelde- und automatischen Löschanlagen", 2003